页岩气井筒完整性评价与控制技术

尹 飞 著

石油工业出版社

内容提要

本书聚焦井筒完整性技术，采用理论计算、数值模拟和实验等方法，结合现场应用情况，从页岩气井套管变形评价及控制、水泥环完整性评价及改性、环空带压预测及控制、冲击作用下井筒完整性评价等方面展开。揭示了页岩气井套管变形机理、水泥环失效机理、环空带压机理、井筒失效动力学机制，构建了井筒完整性评价方法，形成了井筒完整性保障技术。

本书可供油气钻井及生产工作者、石油高等院校师生及相关专业人员参考。

图书在版编目（CIP）数据

页岩气井筒完整性评价与控制技术 / 尹飞著 . —
北京：石油工业出版社，2024.4
　ISBN 978–7–5183–6581–4

Ⅰ . ①页… Ⅱ . ①尹… Ⅲ . ①油页岩 – 井筒 Ⅳ .
① TE24

中国国家版本馆 CIP 数据核字（2024）第 054549 号

出版发行：石油工业出版社
　　　　　（北京安定门外安华里 2 区 1 号　　100011）
　　　　　网　　址：www.petropub.com
　　　　　编辑部：（010）64523604
　　　　　图书营销中心：（010）64523633
经　　销　全国新华书店
印　　刷　北京中石油彩色印刷有限责任公司

2024 年 4 月第 1 版　2024 年 4 月第 1 次印刷
787×1092 毫米　开本：1/16　印张：10.75
字数：260 千字

定价：68.00 元

序

　　页岩气是一种典型的非常规天然气，其开发利用对于保障国家能源安全、促进经济社会发展与能源绿色低碳转型具有重要意义。北美的"页岩革命"震惊世界，为美国的能源独立奠定了坚实的基础，甚至改变了世界的能源供求格局。中国近十年来在页岩气勘探开发领域取得了重大进展，形成了涪陵、长宁、威远等商业化开发的页岩气田。深层页岩气开发也正在稳步推进，已建成泸州、渝西、威荣等深层页岩气田。国家能源局提出"十四五"及"十五五"期间要加快发展页岩气产业，到 2030 年实现页岩气产量（800~1000）×10^{8}m^3。

　　水平井钻井和体积压裂是页岩气高效开发的主体技术，可有效提高单井产量和采收率，但也引发了井筒不完整性问题。页岩气井压裂容易诱发套管变形，长宁、威远区块套变率达 40.1%，泸 203 井区套变率达 62.5%，北美非常规井也比常规井套变率高。与地处平原的北美页岩气区块不同，四川盆地位于活跃的构造板块边缘，页岩气井套变率更高。大量的页岩气井套变不仅导致了桥塞和磨鞋等工具阻卡，而且降低了压裂效果和单井产量。此外，油基钻井液条件下水平井固井和体积压裂开发模式严重破坏了常规水泥环完整性，川南页岩气井生产套管固井质量较差，环空带压率大于 90%；涪陵页岩气田发现 169 口井有不同程度的环空带压问题，环空带压井占比高达 75.8%。国外也有页岩气泄漏事故的报道。诸如此类，井筒不完整性严重制约着页岩气安全高效开发及产能建设。

　　引起套管变形的潜在因素有很多，比如套管质量、压裂参数、页岩特性、地应力及温度等，需要厘清主控因素和套变机理。页岩气井筒完整性评价模型涉及地质、钻井、固井和压裂完井等环节，需要地质与工程一体化建模，准确快速评价有较大难度。常规的防控方法在现场难以有效控制套管变形，探索新的套管完整性保障技术是个棘手问题。柔韧性固井材料有利于套管结构完整性和环空密封性，但苛刻井环境使新型固井材料研发面临挑战。环空带压是长期开采过程中的安全隐患，预测及防控也是页岩气井亟待解决的科技难题。

　　此书针对页岩气井套管变形问题，构建了力学模型、多场耦合模型，并进行了物模实验，揭示了页岩气压裂井筒套变机制；系统评价了不同控制方法的效果，开发了套变智能防控软件，有力指导了套变防控工作。针对水泥环失效问题，建立了水泥环完整性评价方法；优化操作工艺，研发新型固井材料，提高页岩气井筒完整性。针对环空带压问题，建立了预测模型，形成了安全施工参数、泄压工具等技术对策。相关研究成果注重理论与实践相结合，在降低井筒完整性失效风险与保障页岩气安全生产方面取得了良好应用实效。

　　书中介绍的研究方法和结果，有助于科学认识复杂地质与工况下页岩气井筒不完整性机理及其防控方法，也是本书学术价值所在。

中国科学院院士

前　言

Preface

在页岩气开发过程中，井筒容易失效，阻碍了页岩气安全高效绿色开发。井筒完整性评价与控制技术对页岩气井筒的安全构建及长期使用至关重要。笔者经长期研究，撰写此书，为井筒完整性保障和非常规油气开发的研究人员和高校师生提供参考用书。

本书共分 10 章，第 1 章绪论介绍了井筒完整性的基本概念和失效情形。第 2~6 章聚焦套管变形问题，从单纯力学到多场耦合、从模拟到实验、从常规控制到智能防控，不断深入研究。第 2 章从力学角度解释现场套管变形现象，对页岩气井套管变形的形态进行反演，分别建立套管剪切变形、挤压变形的力学模型。第 3 章从地质—工程一体化多场耦合角度预测压裂过程中地层与井筒的响应，建立了压裂诱发裂缝滑移及井筒变形的多场耦合模型，通过模拟预测了压裂过程中井筒特殊的力学行为，定量阐明了水力压裂—地层扰动—套管变形的作用机制。第 4 章从室内实验角度检测了压裂导致裂缝滑移及井筒失效的现象，还对模拟结果进行了验证。第 5 章归纳分析了套管变形的控制方法，评价了不同控制方法对套管及地层完整性的影响规律及保护效果。第 6 章利用大数据和人工智能算法，开发了压裂过程中套管变形实时预警软件，可以智能识别风险和优化压裂参数，预防套管变形。第 7~9 章聚焦水泥环失效和环空带压的问题，从操作、材料和工具等角度，评价及控制井筒环空风险。第 7 章评价了温度、压力变化条件下水泥环力学行为及失效形式，提出了预防固井界面剥离的操作方法。第 8 章旨在研发柔韧性固井材料，新材料可望从根本上提高井筒密封及结构完整性。第 9 章建立了环空带压的预测方法，对环空带压控制方法进行了梳理和模拟分析。第 10 章建立井筒动力学模型，对钻柱冲击作用下井筒完整性进行评价。

本书由国家自然科学基金项目"基于地质力学与机器学习的压裂诱发裂缝滑移及套管变形预测方法"（编号：51904038）、成都理工大学中青年骨干教师资助计划、成都理工大学教改项目等资助完成。

在成书过程中，得到了罗涛、史彪斌、叶鹏举、黄干、曾攀等人的帮助。此外，本书在研究成果和现场资料等方面，得到了中国石油、中国石化等单位专家的大力支持和帮助。在此一并表示衷心的感谢！

由于笔者水平有限，书中难免有不足之处，欢迎读者指正。

编者

2023 年 12 月

目 录

第1章 绪 论

随着非常规能源开发和社会进步，井筒完整性问题备受关注，尤其是在发达国家和国际大型能源公司，但总体还处于技术起步、管理转型的阶段。本章介绍井筒完整性的含义、标准、案例；描述井筒完整性常见失效问题，如套管失效、水泥环失效、环空带压，阐述可能的失效形式、原因和技术对策。

1.1 井筒完整性

1.1.1 井筒完整性含义与标准

油气、地热等能源开发是一项高风险、高技术、高投资和高回报的地下工程活动，先通过钻井作业构建从地面至储层的通道——井筒，再使用开采工艺经由井筒获取地下资源，可以说井筒是地下能源开发的唯一的物质及信息通道。人们在 2010 年以前主要关注井的产量和成本，但随着超深井 / 特深井、高温高压井、深水井和非常规油气井等的不断增多，作业的环境和工况更加复杂，井筒的安全构建和长期服役受到了前所未有的挑战。此外，在已长期开发的油气田中，井筒老化的问题亟待解决，全球很多老油田都存在井筒失效问题或安全隐患，甚至导致停产或泄漏。当前，健康安全环保（HSE）观念普及，油气井的产量和完整性成为了石油行业的焦点，井筒完整性受到石油公司、民众和政府的高度重视[1]。

（1）油气井井筒。

由套管、水泥环、井内流体、井壁及附属工具等组成的地下结构。井筒在钻井时用于封隔复杂地层，在生产时提供油气流通通道，同时也是井控的重要部件。

（2）井筒完整性（well integrity）。

指井筒在整个生命周期内（包括钻井、完井、生产、改造、修井和弃井等阶段）完成其规定功能的一系列特性总称，包含结构完整性、密封性、适用性和耐久性。

根据挪威石油标准化组织制定的 NORSOK D-010《钻井和作业的油气井完整性》，井筒完整性的定义为：通过技术的、操作的和管理的等途径，降低油气井生命周期内地层流体失控流动的风险。

标准中提出了井屏障系统的概念，把井屏障系统分为第一级井屏障和第二级井屏障，如图 1-1 所示。在钻井阶段中，第一级井屏障：钻井液；第二级井屏障：防喷器、井口、井筒（套管、水泥环、悬挂器、下部地层）。在生产阶段中，第一级井屏障：封隔器、封隔器以下套管—水泥环—地层、井下安全阀、安全阀以下油管（考虑环空压力）；第二级井屏障：封隔器以上生产套管—水泥环—地层、井口（套管头、油管头、采油树）。

1

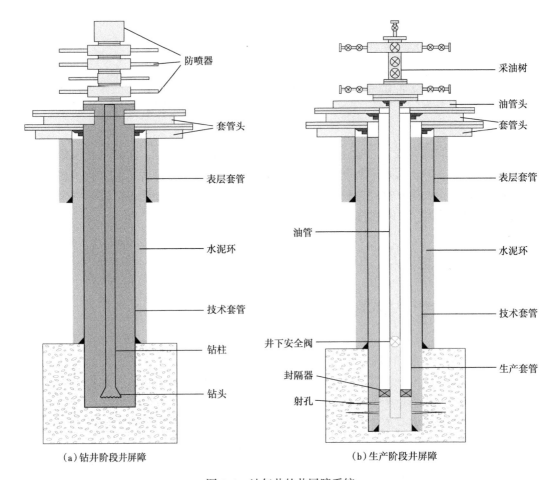

（a）钻井阶段井屏障　　　　　　　　　　　（b）生产阶段井屏障

图 1-1　油气井的井屏障系统

（3）井筒完整性失效类型。

常见的油气井完整性问题即失效类型主要包括：完井管柱泄漏、环空带压、套管损坏、水泥环密封失效、井口移动、采油树和安全元件泄漏等。完井管柱泄漏是指完井管柱中的液体或气体从管柱里泄漏出来的现象。环空带压是指打开井口放喷阀放喷后，环空压力又恢复到泄压前压力水平的现象。套管损坏是指套管受到破坏或变形，导致其无法正常工作。水泥环密封失效是指水泥凝固后，密封效果无法达到预期的情况而造成油气泄漏的现象。井口移动是指由于生产制度或温度/压力等因素的变化而导致井口位置在轴向或径向上发生改变的现象。安全元件泄漏是指防喷阀、安全阀等在受到损坏、老化或人为干预的情况下，导致其功能失效，进而造成泄漏。

（4）井筒完整性标准。

井筒完整性的概念最早由挪威于 1977 年提出，挪威石油标准化组织（NORSOK）于 1986 年制定了 NORSOK D-010 第 1 版井筒完整性标准[2]。目前国际上由挪威石油标准化组织最新修订的标准是 NORSOK D-010：2021，此标准定义了油井生命周期内井屏障的最低功能和性能要求，旨在确保石油工业发展和运营具有足够的安全性和经济效益。

标准的核心是油气井完整性，主要内容是在油气井的建设和使用周期内，通过技术的、操作的和管理的等途径，降低地层流体失控流动的风险。NORSOK D-010 标准正文由几部分构成：①分别介绍了井筒完整性的范围、引用标准和相关术语；②集中阐述了油气井完整性管理的通用原则、要求和指导方针；③对钻井、中途测试、完井试油等 10 种作业工况下油气井完整性管理提出了全面而具体的要求与规定；④以表格形式详尽地列出了 50 余项井屏障组件的验收标准。

在一口井的生命周期中包含了多个作业环节，井筒完整性标准也据此划分为了十个部分：钻井作业的井筒完整性标准、测试作业的井筒完整性标准、完井作业的井筒完整性标准、采油作业的井筒完整性标准、关停井与报废井的井筒完整性标准、欠平衡钻井 / 完井（UBD）和管控压力钻井 / 完井（MPD）作业的井筒完整性标准、泵注作业的井筒完整性标准、连续管作业的井筒完整性标准、不压井起下管柱作业的井筒完整性标准、电测作业的井筒完整性标准。

美国、英国、沙特阿拉伯等石油大国同样十分重视井筒完整性标准的应用与管理，它们的现行标准主要是国际标准化组织（ISO）于 2013 年发布的 ISO/TS 16530-2 第 1 版《井筒完整性 第 2 部分：各作业阶段的井筒完整性》（Well integrity - Part 2：Well integrity for the operational phase）和国际油气井生产者协会（OGP）于 2012 年 11 月发布的 OGP Draft 116530-2《石油天然气工业 井筒完整性 第 2 部分：各作业阶段的井筒完整性》。

我国西南油气田于 2008 年依托龙岗气田开展了井筒完整性一系列相关研究工作，形成了一套"三高气井完整性评价技术"；并于 2014 年发布 Q/SY XN 0428—2014《高温高压高酸性气井井筒完整性评价技术规范》企业标准；2015 年上线运行"西南油气田井筒完整性管理系统"。

塔里木油田于 2022 年牵头起草了《高温高压及高含硫井完整性技术规范》，这是目前国内陆上在井筒完整性方面编写的标准，其规定了高温高压及高含硫井钻井、试油、完井、生产及弃置全生命周期的井完整性设计、管理和操作要求，可有效指导国内油气行业现场操作。高温高压井井筒完整性管理的关键是标准化，该技术规范改变了以往设计、钻井、试油、生产、弃置等各环节缺乏衔接的局面，集成和整合了通过测试和监控等方式，获取井完整性相关信息，对可能导致井失效的危害因素进行风险评估，有针对性地实施井完整性评价，制定合理的管理制度与防治措施[3]。《高温高压及高含硫井完整性技术规范》的建立有力支撑了塔里木油田高温高压油气田的效益开发和安全生产。

1.1.2　井筒完整性失效案例

井筒完整性失效问题在各个油气田中普遍存在。据统计，英国大陆架上 10% 的油气井被迫关闭，83% 的生产井由于老化而存在不同程度的完整性问题；挪威石油安全局公布了 7 个油田的完整性检查报告，18% 的生产井和注入井存在完整性失效的问题，7% 的生产井被迫关井停产；2010 年 4 月 20 日，墨西哥湾深水地平线钻井平台的 Macondo 油井发生井喷，造成 11 人丧生，火灾持续 36h，漏油持续 87d，被定为"美国国家级灾难"，英国石油公司（BP）赔偿超过 1000 亿美元[4-5]。以下举几个典型的相关事故。

（1）重庆开县罗家 16H 井泄漏事故。

2003 年 12 月 23 日深夜，重庆开县罗家 16H 井钻至高压硫化氢气层未及时压井导致高压气体上窜[6]，富含硫化氢的天然气猛烈喷射 30 多米高，失控的有毒气体随空气迅速向四周弥漫，事故导致 243 人因硫化氢中毒死亡、2142 人因硫化氢中毒住院治疗、65000人被紧急疏散安置，共造成 6432 万元的损失。

此次泄漏事故发生的直接原因是：在进行起钻作业时，违反了"每起出 3 柱钻杆必须灌满钻井液"的规定，每起出 6 柱钻杆才灌注一次钻井液，致使井下液柱压力下降。且在重新制定钻具组合时，违章卸下原钻具组合中的回压阀防井喷装置，致使起钻发生井喷时钻杆内无法控制，使井喷演变为井喷失控。而在井喷失控后，未能及时采取放喷管线点火措施，以致大量含有高浓度硫化氢的天然气喷出扩散，导致人员伤亡扩大[7]。

（2）墨西哥湾深水地平线号钻井平台井喷事故。

2010 年 4 月 20 日，美国墨西哥湾发生了"美国史上危害最严重的海上漏油事故"，一场井喷事件造成 7 人重伤、至少 11 人失踪，在事故发生大约 36h 后"深水地平线"号钻井平台沉入墨西哥湾，此次事故造成原油泄漏总量超过 $300×10^4$bbl，成为美国海域迄今最严重漏油事件，负责管理钻井平台的英国石油公司（BP）也为此支付了数百亿美元的赔偿金[8]。这场原油污染危机不仅造成美国墨西哥湾沿岸地区严重的生态灾难，还对美国经济、社会和政治及全球能源行业尤其是海洋石油开发行业带来巨大影响，其造成的环境污染和经济影响至今仍在持续。

通过调查组在现场勘验、物证检测、调查询问、查阅资料，经综合分析后认定，该事故发生的直接原因是固井施工的质量不合格。项目经理为了节约资金和赶工期，在施工前将原本计划采用"7in 尾管悬挂固井和 $9\frac{7}{8}$in 套管回接固井"的设计方案调整为"$9\frac{7}{8}$in 和 7in 套管串"，并一次下到底，使得设计的密封防护减少。地层压力梯度复杂并且钻井液密度窗口极窄，在固井质量不合格的情况下，增加了事故发生的风险。当井底压力发生剧烈变化时，突破了钻井压力平衡和控制，最后造成了上喷下漏，并导致了这次爆炸和泄漏事故[9]。事故的间接原因则是固井水泥仅候凝 16.5h，井队就用海水替换钻井液。由此导致压力失衡，井内液柱压力不足以平衡地层压力，油气突破尚未胶结的水泥，从而引发地层液体涌入井筒。另外，固井过程中存在违章作业，没有按要求充分地循环钻井液，导致井底含油气的钻井液上行至海底防喷器的上部，这样增加了溢流、井喷的风险。

针对此次事故，石油从业人员需要分析海洋开采工程技术方面的经验教训，强化风险分析与管控，强化设施完整性管理和工艺安全分析，不断提升技术、工艺、装备及管理水平。同时应重新评估海上设计标准，加大隐患排查力度，强化风险管理，加强作业者与承包商沟通，加强员工培训，强化设计变更管理，设置多道安全屏障，实现零事故[10]。2016 年 9 月，以此次井喷事故为原型的灾难电影《深海浩劫》上映，再次为人们敲响重视井筒完整性的警钟。

（3）蓬莱 19-3 油田溢油事故。

2011 年 6 月，由康菲公司负责作业的蓬莱 19-3 油田发生井涌事故，导致原油和油基钻井液溢出入海。该溢油事故累计造成 $5500km^2$ 海面遭受污染，导致蓬莱 19-3 油田周边海域海底沉积物受到污染且溢油点周边海域底栖生物栖息环境遭受严重破坏。经评估，此次溢油事故造成的海洋生态损害价值总计 16.83 亿元人民币[11]。

经联合调查组调查认定，康菲公司在作业过程中违反了油田总体开发方案，在制度和管理上存在缺失，对应当预见的风险没有采取必要的防范措施，最终导致溢油。该事故的直接原因是：B 平台没有执行总体开发方案规定的分层注水开发要求，B23 井长期笼统注水，无法发现和控制与采油井不连通的注水层产生的超压，造成与之接触的断层失稳，发生沿断层的向上窜流。此外，B23 井注水出现异常，康菲公司没有及时采取停止注水并查找原因等措施，而是继续维持压力注水，导致一些注水油层产生高压、断层开裂，沿断层形成向上窜流，直至海底溢油。而 C 平台未进行安全性论证，未向上级及相关部门报告并进行风险提示，擅自将注入层上提至接近油层底部，造成 C20 井钻井过程中接近该层位时遇到高压发生井涌。同时，违反经核准的环境影响报告书要求，C20 井表层套管下深过浅，发生井涌时表层套管下部地层承压过高，导致表层套管鞋附近地层破裂，造成 C 平台附近海底溢油[12]。

石油企业应从蓬莱事故中充分吸取教训，运用井筒完整性理念，加强海洋（及陆地）石油勘探开发井筒屏障的设计与应用，加强安全环保管理，提高风险防范意识和安全环保管理水平。同时，相关主管部门将按照职责继续加强海洋石油勘探开发的安全监管，修改完善相关法规制度，健全联防联控机制，加强风险防控能力建设，及时排查消除隐患，保障海洋经济可持续发展。

可见，有些井筒失效影响很小甚至难以觉察，而有些井筒失效可能造成重大事故甚至灾难。井筒完整性技术可以使油气井适用性、安全性得到提升且经济效益最大化，对于经济有效地开发油气资源、保护环境和保障人员安全具有重要意义。

1.2　套管失效

1.2.1　常规油气井套管损坏类型

套管失效是最常见的井筒完整性问题，在世界各地油气田中普遍存在[13-14]。

根据套管损坏机理的不同，常规油气田套管损坏类型主要有：套管磨损[15-16]、套管腐蚀[17]、套管断裂[18]、套管挤毁等。

在套管下入后的钻进过程中，钻具的旋转、移动等会导致套管内壁受到摩擦，且在钻压作用下钻具的弯曲变形和横向振动会使套管与钻具在局部位置产生摩擦[19]，这些因素易造成套管的磨损（图 1-2）。套管磨损现象在水平井中十分普遍，例如，塔里木油田的水平井出现了不同程度的套管磨损，其中 KS1 井与 QL1 井的磨损情况最为严重[20]，均出现了套管磨损并发生破裂的现象，造成严重的经济损失。渤海地区的 BZ13-1-2 井和 CFD18-2-1 井也出现了套管磨损、破裂[21]，后续修复管柱的工作消耗了大量的人力物力。

油气井中含有 CO_2、H_2S 等酸性气体，以及地层水和注入水中含有各种腐蚀性物质，与套管中 Fe 发生电化学反应，会导致套管腐蚀（图 1-3）。在陆上油田中，塔里木、长庆、胜利等油田因套管腐蚀而导致停产的井多达 2 万口，并且损坏井数量以每年 10% 增长[22-24]。在海上油田中，蓬莱油田存在三个平台出现严重的油套管腐蚀情况，严重威胁着油田的安全生产。常见的套管防腐手段有套管阴极保护、涂层防腐、化学防腐和选用抗硫套管等[25-26]。

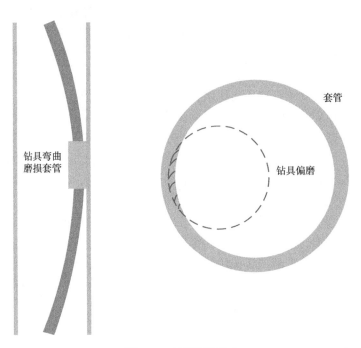

图 1-2　套管磨损形式

图 1-3　套管腐蚀[27]

　　套管在服役过程中易承受巨大载荷，导致套管螺纹处经常会发生疲劳断裂（图 1-4）、脱扣等套管失效事件[28]。套管疲劳断裂是作用在套管上的交变载荷大于材料屈服强度时发生的断裂，且一般要经过裂纹萌生、扩展和断裂。脱扣是油套管柱在自重或外力作用下，内、外螺纹接头相互分离脱开的现象。塔里木油田发生过几起由于套管材质问题导致套管断裂、脱扣的事故，给油田造成了大量的经济损失[29]。

图 1-4　套管螺纹断裂[30]

　　地质因素也造成套管损坏，主要是由于地层非均匀载荷超过了套管抗挤强度，引起套管挤毁或错断，可分为以下几种情形：

　　（1）地层的非均质性、油层倾角、岩石性质等地质因素是导致套管状况变差的客观条件。油藏渗透性在层与层之间、层内平面之间有较大的差别，在注水开发过程中，油层的非均质性将直接导致套管受到非均匀外挤力，从而引发套管变形[31]。陆相沉积的储层一般多为背斜构造和向斜构造，由于背斜构造受到地层侧向挤压为主的褶皱作用，地层倾角较大的构造轴部和陡翼部比倾角较小的部位更容易出现套损。注水开发油田的页岩被注入水侵蚀后，不仅使其抗剪强度和摩擦系数大幅度降低，而且使套管受岩石膨胀力的挤压，同时当具有一定倾角的泥岩遇水呈塑性时，可将上覆岩层压力转移至套管，使套管受到损坏[32]。

　　（2）油层出砂造成套管损坏。在目前所开发的油田中，出砂油层一般为弱胶结的疏松砂岩层。对于这类油层出砂，在不考虑水对结构破坏的情况下，其出砂原因是油流的机械力先将油层局部结构破坏，使其变成无胶结的散砂，而后油流将散砂携带走，造成油井出砂[33]。当油层大量出砂后，破坏了岩石骨架的应力平衡，油层压力在开采过程中出现较大幅度的下降。当上覆地层压力大大超过油层孔隙压力和岩石骨架结构应力时，相当一部分应力将施加在套管上。当施加到套管的压力大于套管的极限强度时，套管易出现弯曲、变形或错断[34]。例如辽河油田、冀东油田、胜利油田、中原油田，许多油井的套管损坏均是由油井出砂造成的。目前较为成熟的防砂工艺有砾石充填防砂、滤砂器防砂、绕丝筛管防砂等[35]。

（3）盐岩蠕变和塑性流动引起套管损坏。蠕变地层会在套管外壁形成挤压力，当地层载荷超过套管抗挤强度，就会发生套管损坏（图 1-5）[36]。例如，我国江汉、中原和青海等油田中均有大段盐岩层，在江汉油田 62 口套损井中，其中盐岩蠕变导致 48 口井套管损坏，占套损井的 77.4%[37]。美国的 Ceder Creek Anticline 油田在盐岩层的井均出现套管损坏，该油田所属的 Beaver 油田盐岩发育较好，而且盐岩层倾角较大，因而在这个区块套管损坏集中；而在盐岩层埋藏深度较浅但盐岩发育较好的 Pennei 油田和盐岩发育不好且含杂质较多的 Gascity 油田，则没有发生套管损坏现象[38]。

（4）断层活动造成套管损坏。在油田开发过程中，由于地壳升降、地震和高压注水作用等原因，使得原始地层压力发生变化。这将引起岩体力学性质和地应力的改变，使原有平衡的断层被激活，造成大范围的套损区[39]。我国大港、大庆和吉林油田都有部分套管损坏集中在断层附近，这就是断层被激活后造成的。一旦断层被激活，将造成断层附近油井的套管出现成片损坏，而且造成套管损坏的程度比较严重，多数为套管错断类型，其损坏位置和断层深度基本一致[40]。

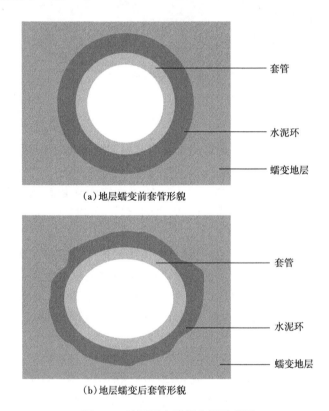

（a）地层蠕变前套管形貌

（b）地层蠕变后套管形貌

图 1-5　地层蠕变挤压套管示意图

1.2.2　页岩气井套管变形

我国在页岩气开发上取得了阶段性成果，但在页岩气井多级压裂过程中套管变形问题突出，制约了我国页岩气高效开发。据统计，在长宁—威远国家级页岩气示范区、威荣页岩气田等页岩气井压裂期间出现了不同程度的套管变形，井筒完整性失效比例超过了 30%，部分区块或井区甚至达到 40%~70%。例如，在长宁页岩气区块完成的 145 口井 3852 段压裂中，套变井达 59 口，套变率达 40.7%；在威荣区块 38 口页岩气井压裂中，16 口井发生了套管变形，套变率达 42%。套管变形会导致页岩气井桥塞无法坐封到位或压裂段数减少，从而造成作业成本增加、单井产量下降。

在长宁—威远页岩气区块，部分井套管变形造成了不能顺利下入桥塞和连续油管不能顺利钻磨桥塞等事故，部分井段被迫放弃压裂作业，直接影响了气井产量[41-42]。经打铅印和电测后确认为套管变形，单井套管变形点为 1~3 个[43]。套管钢级从 P110 提高到 Q125 甚至 V140，仍不能防止失效[44]。页岩气井通常采用三开次的井身结构，第三开使用 215.9mm 或 168.28 mm 钻头，完成斜井段和水平段钻井作业，下入 139.7mm 或 127.0 mm 生产套管完井。某口页岩气井的井身结构及套管失效位置如图 1-6 所示。

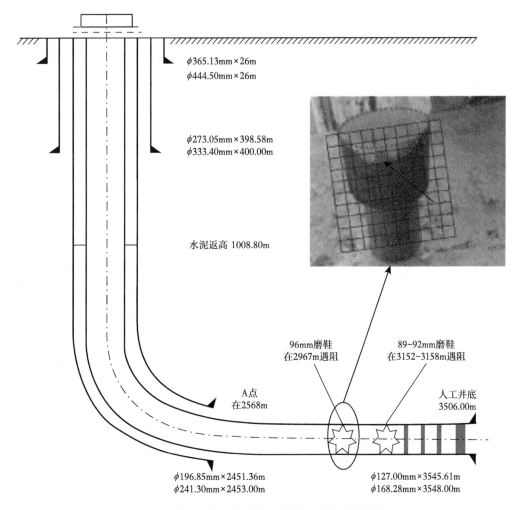

图 1-6　某口页岩气井的井身结构及套管失效位置

长宁—威远区块某口井的 ϕ114.3mm 套管在 3167.09~3168.22m 井段存在剪切变形，变形长度 1.13m，如图 1-7 所示。

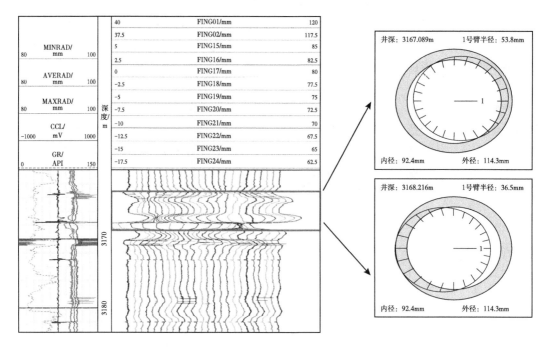

图 1-7　某井测井曲线（剪切变形）

泸州区块某口井的 ϕ139.7mm 套管在 4356.39~4358.33m 井段存在挤压变形，变形长度 1.94m，最大变形点深度位于 4356.87m。如图 1-8 所示，该处测量的最小内径为 92.0544mm，最大内径为 128.499mm，最大变形量为 22.22mm。

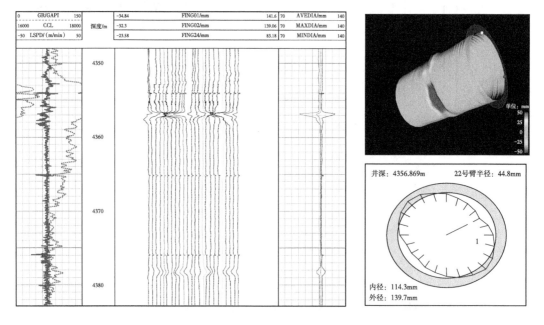

图 1-8　某井测井曲线（挤压变形）

页岩气井套管变形的潜在机理主要包括以下几个方面：

（1）压裂过程造成超高的套管内压 / 外压。

压裂过程温度变化会引起异常的内压或外压，当超过其强度时套管将失效。Adams[45] 分析了美国页岩气井套管异常载荷，提出了压裂过程中环空束缚流体收缩的概念，它引起套管有效内压力增大。Bellarby[46] 指出在压裂过程中，当温度从 70 ℃ 降低到 30 ℃ 时，引起环空内流体压力损失约为 48 MPa，从而造成了较大的内外压差。窦益华[47] 计算了不同温差下套管环空压力上升值，认为环空压力管理有利于井筒完整性。Yan[48] 认为水泥环孔洞中压力下降是造成套管变形的主要原因。沈新普[49] 认为套管变形是由较高的注入压力、地层裂缝分布不均匀和水泥环缺陷共同造成的。尹虎[50] 采用有限差分法求解了井底温度变化及套管抗挤强度的变化值，当温度下降 70℃ 时，P110 钢级套管抗挤强度下降 14%。董文涛[51] 指出压裂过程最大温度降低可达 76℃，热应力使套管抗挤强度降低 19%；井筒降温和水泥环虚空是导致套管变形的主要原因[52]。Yin[53] 预测了压裂后生产套管的环空带压，并指出套管最大外挤压力包括圈闭压力和环空带压。水力压裂的确会引起套管内压和外压的升高，但是如果考虑到有效压力，单纯的高压不足以造成套管爆裂或挤毁。

（2）地应力变化及地层变形增加套管载荷。

在压裂过程中，短时间内大量液体通过高压泵注入地层，改变井筒附近地应力场，储层岩石力学性质也会随之变化。Roussel[54]、Moos[55]、Vermylen[56]、Li[57]、张广明[58]、李士斌[59] 等采用理论计算和数值模拟的方法分析了压裂过程中裂缝扩展引起的地应力场方向和大小的变化。全兴华[60] 指出注水形成的超孔隙压力控制局部应力场分布，一方面导致有效应力减小，Mohr 应力圆左移，地层活动趋势增加；另一方面削弱注水层段水平地应力的作用效果，导致主应力差值减小、Mohr 应力圆直径缩小，易于地层稳定。韩家新[61] 认为裂缝会产生叠加型诱导应力，使套管周围地应力大小及方向发生变化，套管受力也随之改变。地应力作用下套管应力可由李军[62] 等提出的计算公式获得。Lian[63] 根据微地震数据确定压裂破碎带分布，建立了地质力学的有限元模型，模拟了水力压裂引起的地应力变化，指出压裂破碎带的地应力变化导致了套管径向变形和轴向屈曲。于浩[64] 采用微地震监测数据反演裂缝分布，在裂缝体区域加载压裂液压力，把裂缝视为岩石力学性能下降，模拟了地应力重新分布，地应力变化导致了套管弯曲。王越之[65] 认为注入水进入泥岩层，使泥岩产生膨胀、蠕变等变形从而挤压套管。王永亮[66] 应用页岩储层受热膨胀比拟水力压裂导致岩体膨胀的物理过程，模拟发现造斜段的套管存在应力集中。Shojaei[67] 建立了多孔介质的损伤失效模型，分析压裂过程岩石的弹塑性变形和损伤。Liu[68] 指出压裂会导致地层变形和水泥环破坏，套管在局部地层载荷下更容易失效。大量压裂液注入地层引起地应力变化和地层变形，增加了套管载荷，然而，这种原因不能很好地解释套管变形位置和套管 S 形状的失效。

（3）压裂诱发地层弱面滑移对套管产生剪切作用。

由于钻井液或压裂液沿层理、裂缝侵入，一方面导致裂缝面上的有效正应力下降，另一方面产生润滑作用（图 1-9）。根据 Mohr-Coulomb 准则，当大量压裂液和砂注入时，地层可能沿着层理面或岩性变化界面发生剪切滑移；页岩各层岩石力学差异与压裂液分布不均可能引起地层剪切变形。Mokhtari[69] 通过巴西实验分析了天然裂缝和层理对岩石破坏的影响，当层理和加载方向夹角小于30°时，岩石沿着层理破裂。Maury[70] 指出当钻井液压力大到足以使与井眼交叉的地层裂缝开启时，沿着裂缝面分布的应力释放，将产生一个很小但极具潜在危害的剪切位移。Younessi[71] 认为裂缝性地层沿裂缝滑移是一种重要的破坏形式，提出了裂缝性地层的滑移势指标（FSPI），用于评价裂缝性地层的稳定性。Zoback[72] 通过页岩的强度实验和理论分析证实了页岩压裂存在慢滑移。鄢雪梅[73] 对比了两口页岩气井微地震和产量，反推了页岩改造中沿着天然裂缝或断层的慢滑移现象。

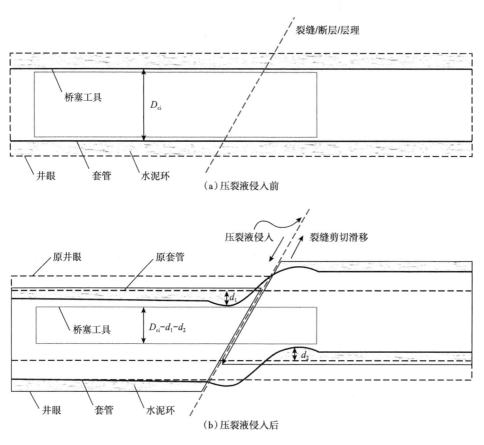

图1-9　页岩气井套管变形及桥塞遇阻的机制分析

Daneshy[74] 分析认为压裂产生了不对称的裂缝和非均匀地应力，导致了地层沿着弱界面、破裂面滑移，从而对套管产生了拉伸和剪切的作用。Dusseault[75] 指出开采和注水活动引起地层体积变化和应力集中，进而导致地层沿着层理面或断层面滑移，造成套管剪切失效。Yin[76] 认为注水引起的砂泥岩界面滑移导致了套管剪切变形，预测结果与多臂井径测井结果吻合。Yin[77] 又指出水力裂缝与天然裂缝相交后，天然裂缝快速失效，大的地应力差引起大的天然裂缝滑移，从而使套管发生剪切变形；然而，美国页岩地应力差较小，引起的裂缝滑移量也小，所以套管失效率低。Xi[78] 指出水平井A点附近套管变形原因是压裂引起了层理激活。Guo[79] 认为压裂激活断层是套管变形的重要机理，建议井眼轨道应避开断层位置。刘港[80] 指出页岩气压裂和开采使断层活化，采用数值模拟分析了套管剪切变形。考虑到套损点位于岩性弱界面占61.7%，陈朝伟[81] 认为压裂液激发了地层滑移，进而造成套管变形。李留伟[82]分析昭通页岩气井套管变形，认为严重的套管变形井段发生在构造裂缝发育区，应防范岩石沿着裂缝面滑移引起套管剪切变形。艾池[83]、林元华[84]指出注水或油藏压力下降等引起岩石层理发生破坏，出现地层滑移，从而造成套管错断。高利军[85]认为压裂改造不均匀引起的剪应力导致层理面或天然裂缝滑移，进而导致套损，通过定义接触面模拟层理面和采用热膨胀比拟储层改造变形，分析了套管横向位移和应力。

地应力变化、高压注水和地震等因素会导致地层滑移[86-87]，地层滑移通常发生在地质结构的弱面上，例如天然裂缝、层理面和断层等[88-89]。水力压裂具有高泵压、大排量和大改造体积的特点，不仅使储层形成拉伸裂缝，而且还会造成剪切失效、错动和滑移[90]。剪切滑移是水力压裂形成复杂缝网的一个重要机理，裂缝剪胀效应增大了储层渗透率[91]。水力压裂过程中地层剪切滑移已经被数值模拟和实验证实。Bao[92]研究发现水力压裂诱发了加拿大西部大多数地震，水力压裂引起应力变化，激活断层滑移可达到 1km。Hou[93]采用颗粒流模拟，发现倾斜的裂缝发生剪切失效。Nemoto[94]开展了注水诱发滑移实验，测量的最大剪切滑移位移达到 15mm。Ye[95]测量了注水导致花岗岩岩样沿着裂缝滑移，滑移量为 0.2~2mm。Li[96]、Ma[97]开展的实验反映裂缝转向并沿着层理面扩展，裂缝的剪切区域大于张开区域。地层弱面滑移造成套管剪切变形被越来越多的学者认为是页岩气井套管失效的主要原因，但是，目前缺乏相关的定量评价方法。

1.3 水泥环失效

固井水泥环在油气井中的主要目的是固定套管柱、封隔相邻的油、气、水层。固井水泥浆在凝固后会在整口井的纵向上形成一个水力封隔系统，该系统必须在整个油气井生命周期及报废之后都能够实现有效的层间封隔。如果水泥密封失效，则会引起环空带压、井口抬升或油气水窜等问题，严重时会造成套管损坏，甚至油气井报废。此时再采用修井作业进行补救，成本高，危险大，成功率较低。

国内几大油气区域，如塔里木盆地、准噶尔盆地、川渝地区、松辽深层等存在着高温高压问题，这些地区井深一般为 4500~7000m，井温一般为 150~240℃，压力为 100~150MPa。松辽盆地深层地温梯度高达 4℃/100m，4500m 井深的井底温度超过 180℃，这些井下的复杂情况都会影响到水泥环的密封性能。复合盐层、高压盐水层及高压天然气层等也会使水泥环的完整性遭到破坏。我国海外油田项目如厄瓜多尔的 Andes 油田、阿联酋 Emirates 油田、苏丹 3/7 区的 Palouge 油田，以及哈萨克斯坦的 Buzachi 油田等[98-101]都出现了固井初期水泥胶结测井显示固井质量优良，但在生产过程中出现了环空窜流，胶结测井结果显示固井质量恶化的现象，而造成这一问题的主要原因之一是井下条件的变化引起了水泥环密封失效。

水泥环失效机理的研究一般是从地层、水泥环、套管耦合系统的力学性能出发，以各种井下载荷下该耦合系统的应力、应变状态为基础，结合破坏准则进行分析，最后确定水泥环的完整性状态和失效形式。当前研究水泥环失效的方法主要有理论计算、实验测试、数值模拟三种。

在理论计算方面，主要利用解析法及数值分析法，以弹性力学分析为基础，以套管—水泥环—地层系统为研究对象进行分析（图1-10）。通过建立温度—压力耦合条件下套管—水泥环—地层组合体弹塑性解析模型，采用应力计算的解析方法，可从理论上研究水泥环的破坏机理[102-105]。但该种方法通常对套管—水泥环—地层系统的真实情况进行了简化，建立的力学模型忽略了水泥环在井下的力学性能、水泥环的收缩/膨胀特性、剪切胶结强度、渗透性，以及地层地应力的大小等诸多因素[106-107]。

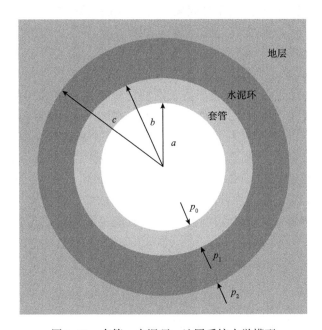

图1-10　套管—水泥环—地层系统力学模型

室内测试主要是利用相关仪器对影响水泥环界面胶结性能的具体指标进行分析，包括：弹性模量、泊松比、剪切强度、抗压强度、抗拉强度等参数[108-111]。但每口井受力环境存在差异，还需要较高的实验成本，因此难以构建实际的井下复杂的服役环境。

由于实际井下条件较为复杂，为了更真实地反映水泥环井下受力特征，应用最多的方法是通过有限元方法来获得水泥环力学状态[112-113]。但由于缺少实际的现场数据，数值模拟模型的准确性和可靠性难以得到验证和保障[114]。

随着石油天然气勘探开发工作的不断深入，页岩气、致密油气，以及储气库建设工作的开展，油气井面临的井下条件也越来越苛刻，井身结构也变得越来越复杂，更容易出现水泥环密封失效[115-117]。目前针对水泥环完整性，研究技术存在一定的瓶颈，为了能更符合实际生产工况，需要更新相关监测手段、提高实验环境条件来突破目前研究技术难点，建立更完善的水泥环破坏机理模型和完整性评价体系。

水泥环失效的原因主要包括以下三个方面：（1）固井水泥环弹性变形能力较差，因为套管、水泥环和地层三种材料之间形变能力有较大差异，尤其是套管的弹性模量比水泥环的弹性模量高，导致井筒组合系统的变形不协调，容易被破坏[118]；（2）固井水泥环容易发生脆性破裂，由于水泥环为脆性材料，且水泥环在井底受力较为复杂，水泥环在高应力、高温高压变化下极其容易破裂[119-120]；（3）固井水泥环内部结构存在微裂隙，主要是一些不规则的孔隙在后期钻井、生产过程中容易形成微裂隙[121]。

　　在一口井的生命周期中，水泥环的力学失效形式主要分为以下五种[122-124]：（1）在套管收缩时，水泥不能同步发生形变就会在两者之间形成间隙，导致第一界面剥离（图 1-11）；（2）在水泥环收缩时，地层不能同步发生形变就会形成间隙，导致第二界面剥离（图 1-12）；（3）当水泥环处于两套管之间或套管与地层之间时，水泥环处于应力不均匀状态下，水泥环易发生剪切破坏（图 1-13）；（4）水泥环内压力远大于外压力，导致水泥环出现径向裂纹，发生拉伸破坏（图 1-14）；（5）水泥环在受到轴向载荷时，会产生轴向断裂导致水泥环破坏（图 1-15）[125]。

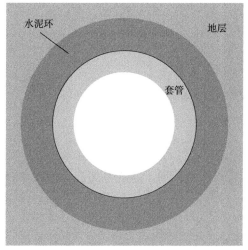

图 1-11　第一界面剥离

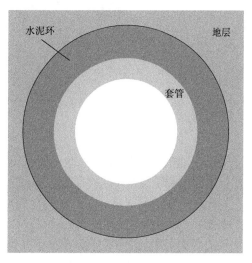

图 1-12　第二界面剥离

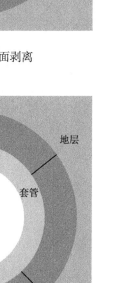

图 1-13　水泥环剪切破坏

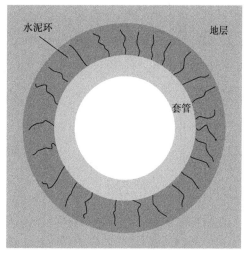

图 1-14　水泥环产生径向裂纹

15

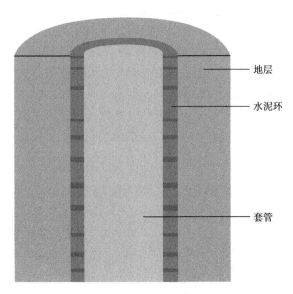

图 1-15　水泥环轴向断裂

通过上述的水泥环失效机理分析可得，常规油井水泥环存在抗拉强度低、抗形变能力差、抗冲击和抗裂性能差等问题。在面临复杂的井下条件时，水泥环的内部结构会因高温、高压或位移载荷而破坏，从而导致密封失效。因此，提高水泥环的力学性能是保障密封完整性的重要途径[125-127]。

目前国内外对水泥环失效预防方法主要集中在改性水泥的研究方面，通过向水泥中加入各种外加剂来增强水泥环的力学性质，以满足地下复杂工况[128-129]。虽然这是最直观有效的方法，但不同条件的地层需要的水泥组分有很大差异，且对不同原因引起的水泥环失效并不都适用，因此，需要探讨更多的水泥环失效防治措施[130]。固井水泥环失效的预防主要包括以下几种方法：改善水泥浆组分；完善固井工艺；制定合理的工作制度；采取隔热措施，例如向环空注入冷却液或使用隔热油管等[131-133]。

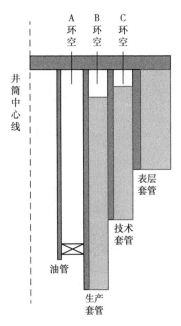

图 1-16　各级环空示意图

1.4　环空带压

油气井内部有若干个环形空间，简称环空。根据环空的不同位置，可将环空由内向外依次表示为：A 环空、B 环空、C 环空等，如图 1-16 所示[134]。随着油气井面临的井下环境越来越恶劣，油气井出现环空带压的现象也逐渐增多，这已成为影响油气井安全生产的重要问题[135-136]。环空带压是指打开井口放喷阀放喷后，环空压力又恢复到泄压前压力水平的现象[137]。

环空带压不仅威胁着管柱安全，而且会影响后续酸化、压裂等增产作业的顺利实施[138]。而环空带压问题对于含硫气井的影响尤为严重，窜流气体中的 CO_2 和 H_2S 等酸性气体会腐蚀管柱，削弱管柱强度，对油气井的井筒完整性产生直接威胁[139-140]。如果环空压力没有及时泄掉，严重时会导致井口装置失效，使整口井报废，甚至可能造成含硫的有毒气体从井口溢出，危及人员的生命安全[141]。

根据美国墨西哥湾地区的环空带压数据，该地区 8000 多口井有 11000 个套管柱中存在环空带压现象[142]。抽样调查现场数据库中的 26 口气井，其中 22 口气井存在环空带压，其中 50% 发生在 A 环空，25% 发生在 B 环空[143]。同样，国内也普遍存在环空带压问题，如塔里木、川渝、大庆庆深和吉林长深等地区，其中又以川渝和塔里木更为严重，如吉拉克、克拉 2 和英买力等区块，存在近 90 口环空带压井[144-146]。其中部分井 A、B、C 三级环空均出现了环空带压[147]，有时 A 环空套压与油压基本持平，甚至一度出现套压高于油压的情况；B、C 环空的带压值也偏高，高达 40MPa 和 25MPa；还有的井在泄压时井口见气，且泄压 4d 后套压又很快上升至 60MPa 左右，严重影响此类井安全生产[148-149]。

环空带压产生的主要原因包括：不同注采条件可能引起密闭环空中温度升高，进而造成环空压力增加；管柱和井下工具失效，通常形式为管柱的螺纹连接处或封隔器等部位出现密封失效[150]，导致气体窜流至油套环空，并在井口聚集产生环空带压；水泥环密封失效，由于水泥在凝固中出现缺陷或生产中载荷变化，导致水泥环内部存在微缝隙，井下的高压气体就会沿着这些缝隙渗流至套管环空和井口，产生环空带压[151-153]。页岩气井环空带压的产生机理主要包括：压裂载荷引起水泥环塑性变形、水泥环拉伸破坏、循环载荷水泥环残余应变、水泥环界面剥离等[154]。

从现场实践来看，若井下管柱、安全阀、封隔器及固井水泥环出现密封失效，通常会导致地层流体进入各个环空，并引起环空带压的发生[155]。A 环空里面填充有环空保护液，在环空保护液上部通常会形成一段环空带压区[156]。当水泥环出现微裂缝或微环隙时，地层气体会沿水泥环向上窜流，从而引起 B、C 环空出现环空带压[157]。气井各环空气体可能的渗流途径如图 1-17 所示。

目前控制环空带压的方法主要是做好严格的预防措施，如提高管柱的密封性、保证固井质量、安装破裂盘等[158]。而对于现场生产中出现的环空带压，可通过控制产量来缓解；若计划产量较高，则可采用向环空注氮气或定期泄压等措施缓解环空带压[159-161]。

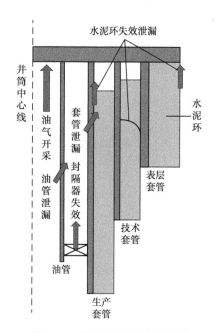

图 1-17　环空带压泄漏示意图

第2章 套管剪切与挤压变形力学分析

复杂的地质和工程条件可能会造成套管变形，页岩的层理、裂缝等特殊性质和大规模水力压裂使页岩气井套管处于严苛工况。页岩气井套管变形的形态主要有剪切变形和挤压变形。本章建立井筒与岩石相互作用的力学模型，反演现场套管组合变形形态，分析在剪切或挤压载荷下套管的应力和变形。

2.1 页岩气井套管组合变形反演

2.1.1 力学模型

为了反映地层运动形成的多重载荷作用下套管的力学行为，以套管为研究对象，以压裂引起的地层运动为边界和载荷条件，建立套管—水泥环—地层的三维有限元模型。

选用 P110 钢级、外径 139.7mm、壁厚 12.7mm 的套管。井眼直径或水泥环外径为 215.9mm，水泥环壁厚为 38.1mm。地层包含运动的页岩地层和固定的页岩地层两部分，模型计算区域的长、宽、高分别取 47m、3m、3m，不同地层之间缝宽 1mm，井筒与地层断面的夹角简化为 90°。建立页岩气井套管组合变形反演模型，如图 2-1 所示。

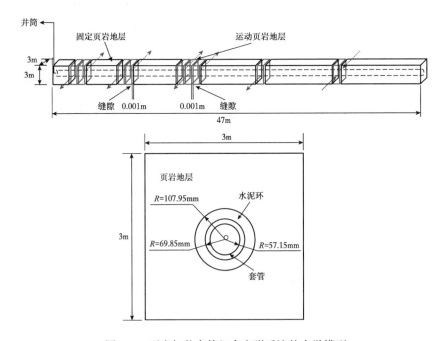

图 2-1 页岩气井套管组合变形反演的力学模型

套管的本构模型采用理想的弹塑性模型，页岩、水泥环的本构模型采用 Mohr-Coulomb 模型，套管、水泥环和地层的参数均来源于试验数据，其参数见表 2-1。

表 2-1　套管、水泥环和地层的参数

材料名称	密度 / kg/m³	弹性模量 / MPa	泊松比	黏聚力 / MPa	内摩擦角 / (°)	强度 / MPa
页岩	2540	29150	0.20	31.94	49.21	—
水泥环	2000	7000	0.23	9.00	24.00	—
套管（P110）	7850	210000	0.30	—	—	758

由于模拟的是套管在水力压裂过程中地层运动作用下的变形，需将地层的初始应力场作为初始应力状态施加至模型中，当压裂导致地层运动时，通过给运动地层施加位移量来实现。经计算获得初始地应力场，上覆岩层压力为 67.24MPa，最小水平地应力为 62.10MPa，最大水平地应力为 81MPa。地层分为固定页岩地层和运动页岩地层，由于固定页岩地层在地层运动的过程中始终保持不动，因此对所有固定页岩地层的六个表面均施加法向位移约束。运动页岩地层包括剪切运动地层、挤压运动地层和单侧运动地层三种，其上下、前后表面施加法向位移约束，左右表面施加位移载荷。当施加剪切和单侧位移载荷时，运动页岩的左右表面的其中一个为自由面，另一个施加位移载荷。当施加挤压载荷时，运动页岩的左右表面施加一个相向的位移载荷。假设地层运动过程中套管、水泥环和地层之间的接触表面始终不会脱离，故将套管、水泥环和地层之间的接触表面设为绑定约束。

为更加准确地分析地层运动过程中套管的应力、应变，套管采用 Shell 单元，水泥环和地层采用 Soild 单元，套管的单元类型为 S4R，水泥和地层的单元类型为六面体结构的 C3D8R，采用结构网格划分技术对套管、水泥环和地层划分网格。网格划分出来的节点总数为 126304 个，单元总数为 97296 个，有限元模型如图 2-2 所示。

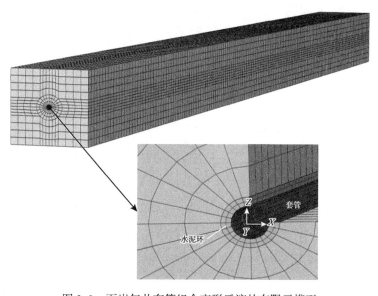

图 2-2　页岩气井套管组合变形反演的有限元模型

2.1.2 应用分析

长宁—威远页岩气区 3 口井的 24 臂井径测井曲线如图 2-3 所示，依次为 YS108H11-1 井、宁 H19-5 井和威 202H13-8 井。

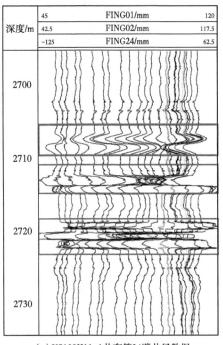

（a）YS108H11-1井套管24臂井径数据

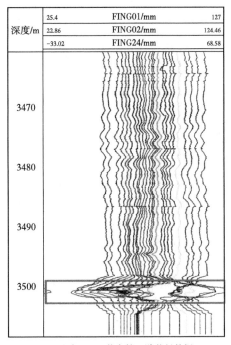

（b）宁H19-5井套管24臂井径数据

（c）威202H13-8井套管24臂井径数据

图 2-3　长宁—威远区块 3 口井 24 臂井径测井曲线

测井曲线呈现明显的位错特征，波峰分布具有邻近交错、同侧扩大及中轴对称等特征，这与套管剪切、弯曲和挤压变形特征相似。基于此，从测井曲线中共识别出套变位置 5 处，套管变形的形态分别呈现为剪切变形、弯曲变形和挤压变形。套管剪切变形量在 5~15mm 之间，挤压变形量在 3~4mm 之间，弯曲变形量在 12~13mm 之间。

基于多臂井径测井曲线分析获得的套管变形形态和程度，对建立的三维数值模型从左至右依次对运动页岩地层施加剪切位移载荷、单侧位移载荷和挤压位移载荷，反演水力压裂过程中地层运动及其导致的套管变形。反演的位移载荷大小见表 2-2，其中正值表示位移载荷施加在运动页岩地层的右表面，负值表示位移载荷施加在运动页岩地层的左表面，剪切和弯曲载荷方向垂直于位移载荷表面向外，挤压载荷方向垂直于位移载荷表面向内。

表 2-2　反演的地层位移载荷

运动类型	剪切运动							单侧运动	挤压运动	
位移量 /mm	10.5	−12.5	−15.0	11.5	12.0	−17.0	8.0	16.0	23.5	−23.5

图 2-4　水力压裂过程中地层运动

水力压裂过程中地层运动如图 2-4 所示，固定页岩地层的运动位移为 0mm，运动页岩地层最大运动位移为 23.5mm，出现在挤压运动处。图 2-5、图 2-6 和图 2-7 分别是套管在地层剪切运动、单侧运动、挤压运动下的变形、应力。

从图 2-5 可以看出，在地层剪切运动作用下，套管的变形形态呈现 S 形，套管的变形量集中在 4~15mm 之间，套管的最大变形量为 13.62mm，出现在地层剪切运动 17mm 的位置处。在地层剪切运动的作用下，套管应力达到了套管的屈服强度 758MPa，分布在套管变形处的两侧，这与运动地层的缝隙分布十分吻合，说明套管最危险的地方是与缝隙相交的位置。

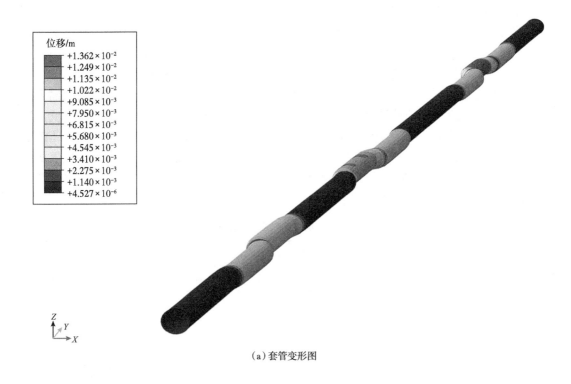

（a）套管变形图

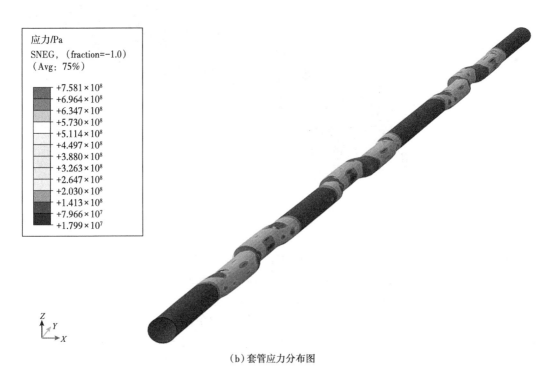

（b）套管应力分布图

图 2-5　地层剪切运动作用下套管变形和应力分布图

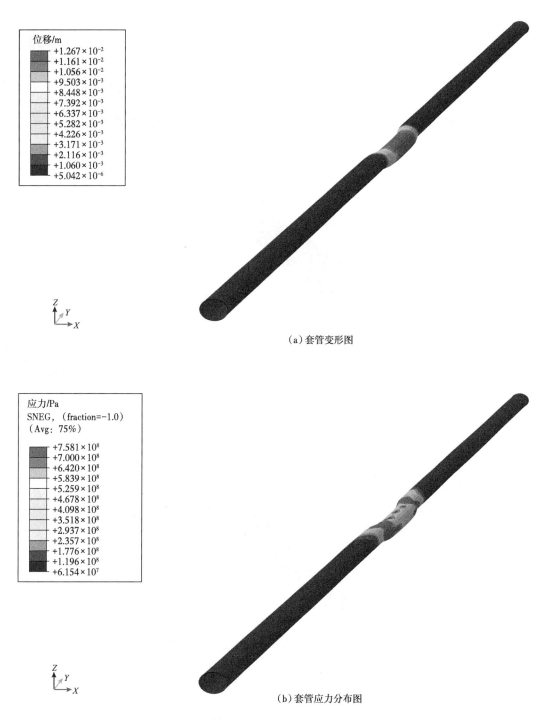

（a）套管变形图

（b）套管应力分布图

图 2-6　地层单侧运动作用下套管变形和应力分布图

从图 2-6 可以看出，在地层单侧运动作用下，套管的变形形态呈现拱形，套管的最大变形量为 12.67mm。在地层单侧运动的作用下，套管应力达到了套管的屈服强度 758MPa，且分布在套管变形处的两侧，与地层剪切运动时套管的应力集中区域分布特征相似。

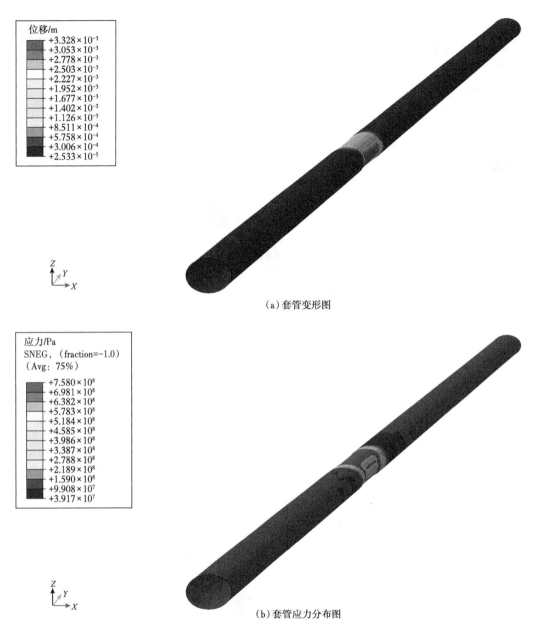

位移/m
+3.328×10⁻³
+3.053×10⁻³
+2.778×10⁻³
+2.503×10⁻³
+2.227×10⁻³
+1.952×10⁻³
+1.677×10⁻³
+1.402×10⁻³
+1.126×10⁻³
+8.511×10⁻⁴
+5.758×10⁻⁴
+3.006×10⁻⁴
+2.533×10⁻⁵

（a）套管变形图

应力/Pa
SNEG，（fraction=-1.0）
（Avg：75%）

+7.580×10⁸
+6.981×10⁸
+6.382×10⁸
+5.783×10⁸
+5.184×10⁸
+4.585×10⁸
+3.986×10⁸
+3.387×10⁸
+2.788×10⁸
+2.189×10⁸
+1.590×10⁸
+9.908×10⁷
+3.917×10⁷

（b）套管应力分布图

图 2-7   地层挤压运动作用下套管变形和应力分布图

从图 2-7 可以看出，在地层挤压运动作用下，套管的变形形态呈现椭圆形，套管的最大变形量为 3.3mm，向套管两侧缩径。在地层挤压运动的作用下，套管应力达到了套管的屈服强度 758MPa，分布在垂直于挤压运动方向的套管顶部和底部。

沿着套管轴线方向，数值模拟与测井曲线的套管内径对比如图 2-8 所示，模拟结果和实测结果在轴向位置上存在偏差，但变化形态和幅度基本吻合。实测测井曲线结果显示套管的最小内径为 100.53mm，数值模拟的套管最小内径为 100.68mm，位于发生 17mm 剪切运动的地层处，套管的缩径量为 13.62mm，套管内径反演误差较小。

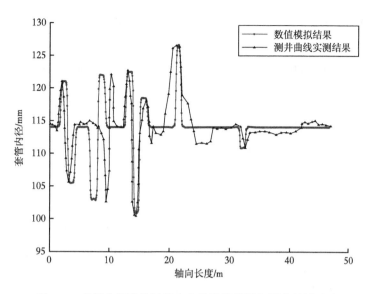

图 2-8　套管内径沿着轴线方向的数值模拟与测井结果对比

取垂直于套管轴线方向的截面，分析套管变形量沿着轴线方向的变化，剪切变形的位置包含套管两侧井径的变化，套管变形量的数值模拟结果与测井曲线识别结果见表 2-3。

表 2-3　套管变形量的数值模拟与测井曲线识别结果对比

套变位置	1	2		3		4	5
24 臂井径识别结果 /mm	7.03	8.76	11.47	7.94	8.71	13.77	4.29
数值模拟计算结果 /mm	7.041	9.042	11.560	8.056	8.571	13.620	4.536
相对误差 /%	0.15	3.22	0.78	1.46	1.60	1.09	5.73

套管变形量的最大误差为 5.73%，平均误差为 1.89%，说明本模型能够准确反演地层载荷，可以用来分析多重载荷作用下套管变形形态和变形量，为页岩气井套管变形评价提供初步理论依据。

2.2　套管剪切变形分析

2.2.1　力学模型

在长宁—威远等地区，与天然裂缝 / 断层相关的套管变形点占总的套管变形点的61.7%，并且从收集的微震信号也发现了套管变形点与裂缝 / 断层具有紧密的关系。结合反演模型，可推测压裂引起地层滑移，进而造成套管剪切变形。在反演模型基础上，为了详细分析不同地层滑移对套管变形的影响，建立地层滑移下套管剪切变形的力学模型。

由于压裂模拟十分复杂，消耗大量的计算成本，且裂缝扩展具有随机性。为了简化计算，忽略地层孔隙压力变化和裂缝扩展过程，聚焦裂缝滑移下井筒交互作用。从储层里截取部分页岩井筒，如图 2-9 所示。页岩井筒的长度取 30D（D 为井眼直径），页岩的宽度和高度取 6D，经过验算这个计算区域是合理的，则长方体页岩模型尺寸为：7m×1.3m×1.3m。由于压裂会使地层沿着裂缝/层理面滑移，把页岩分割为固定盘、滑动盘两个部分，在滑动盘上施加沿着破裂面的滑移量 s。设页岩破裂面的倾角为 θ，破裂面处缝宽取 10mm，套管、水泥环和页岩之间的摩擦系数取 0.6。

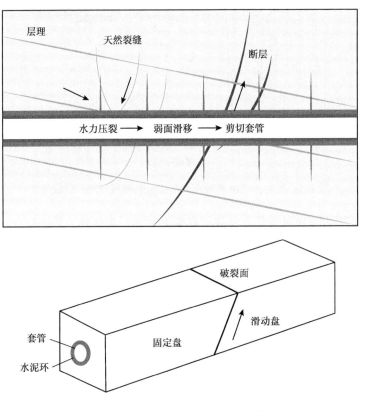

图 2-9　裂缝滑移下页岩井筒力学模型

建立裂缝滑移下页岩井筒的有限元模型，如图 2-10 所示。页岩采用结构实体单元，该单元有八个节点，每个节点具有三个位移自由度。套管和水泥环采用有限应变壳单元，该单元有四个节点，每个节点具有六个自由度。套管、水泥环、井壁及上下盘之间设置接触关系，选用接触单元。模型的载荷与边界条件为：固定盘底面施加全位移约束；滑动盘顶面施加位移载荷，表示裂缝滑移量；井筒一端施加全位移约束，另一端为自由边界；井壁、水泥环和套管之间存在接触和摩擦。页岩井筒材料性能参数见表 2-4。

表 2-4　页岩井筒材料性能参数

材料名称	弹性模量 /MPa	泊松比	黏聚力 /MPa	内摩擦角 / (°)	屈服强度 /MPa
页岩	29150	0.20	31.94	49.21	—
水泥环	7000	0.23	9.00	24.00	—
套管（P110）	210000	0.30	—	—	758

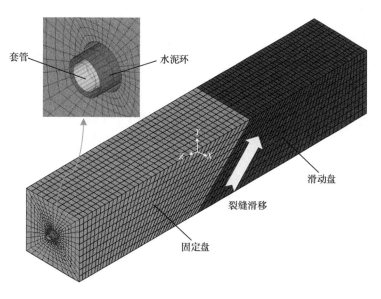

图 2-10　裂缝滑移下页岩井筒有限元模型

2.2.2　应用分析

（1）页岩地层滑移量 20mm。

根据实测及压裂模拟，页岩裂缝滑移量为厘米级，现考察页岩地层的滑移量为 20mm 时井筒的力学行为。裂缝滑移作用下页岩、套管位移如图 2-11 和图 2-12 所示，套管呈现 S 形变形，最大位移为 16.3mm。

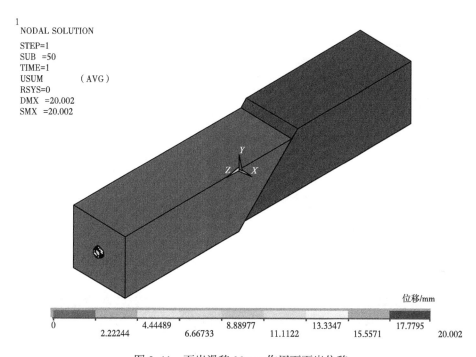

图 2-11　页岩滑移 20mm 作用下页岩位移

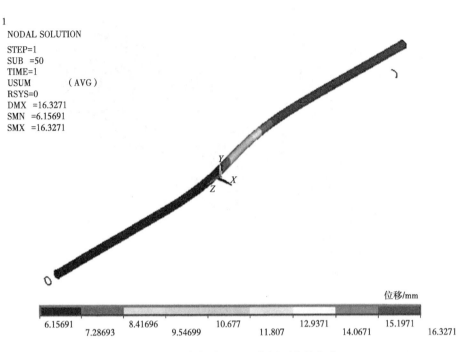

图 2-12　页岩滑移 20mm 作用下套管位移

　　页岩滑移作用下套管等效应力、应变如图 2-13 和图 2-14 所示。套管在地层破裂面两侧出现应力集中，最大应力为 217.6MPa，小于屈服强度，单纯的地层滑移不会造成套管的屈服破坏。

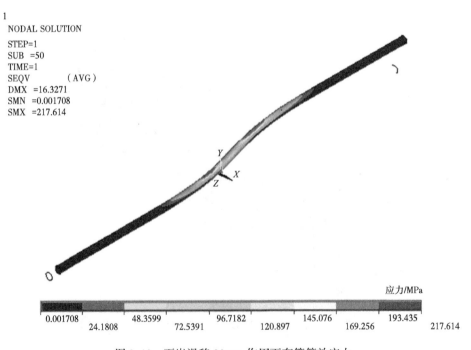

图 2-13　页岩滑移 20mm 作用下套管等效应力

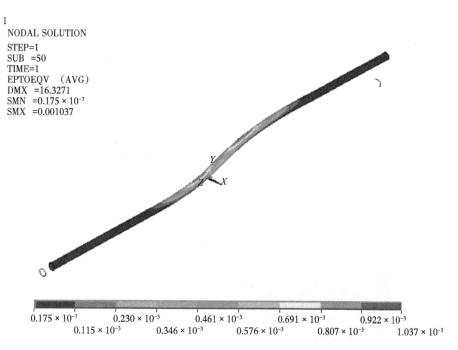

图 2-14　页岩滑移 20mm 作用下套管等效应变

　　页岩滑移作用下套管绕 X 轴转角如图 2-15 所示，套管在地层滑移作用下出现了较大转角。当页岩地层的滑移量为 20mm 时，套管弯曲狗腿度高达 18°/25m。显然，如果套管曲率或狗腿度过大，容易造成井下工具下入遇阻。

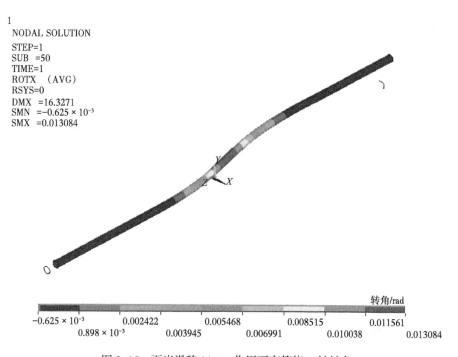

图 2-15　页岩滑移 20mm 作用下套管绕 X 轴转角

（2）页岩地层滑移量 35mm。

当页岩地层的滑移量为 35mm 时，经模拟，获得页岩气井筒的力学行为。裂缝滑移作用下页岩、套管位移如图 2-16 和图 2-17 所示，套管呈现 S 形变形，最大位移为 28.2mm。

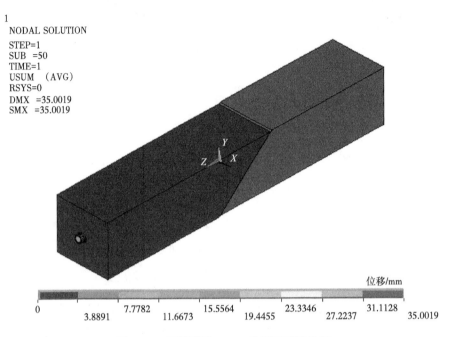

图 2-16　页岩滑移 35mm 作用下页岩位移

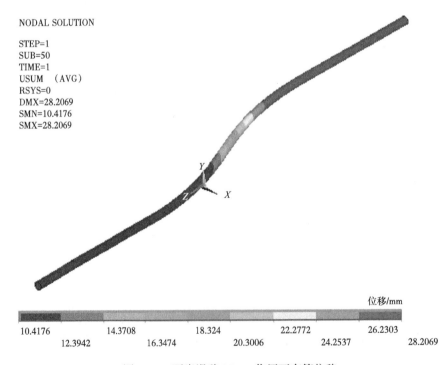

图 2-17　页岩滑移 35mm 作用下套管位移

当页岩地层的滑移量为 35mm 时，套管等效应力如图 2-18 所示。套管在地层破裂面两侧出现应力集中，最大应力为 399.9MPa，附加的套管应力达到屈服强度的 53%，地层滑移再加上静液柱压力共同作用易造成套管的屈服破坏和大变形。

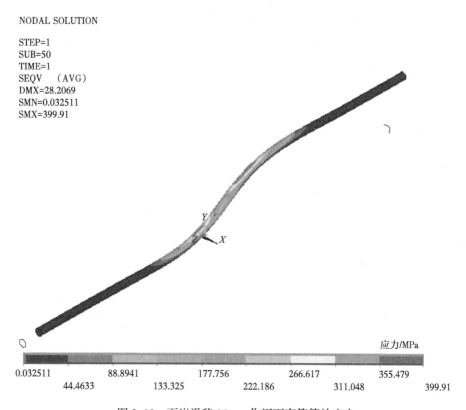

NODAL SOLUTION

STEP=1
SUB=50
TIME=1
SEQV （AVG）
DMX=28.2069
SMN=0.032511
SMX=399.91

应力/MPa

0.032511		88.8941		177.756		266.617		355.479	
	44.4633		133.325		222.186		311.048		399.91

图 2-18　页岩滑移 35mm 作用下套管等效应力

2.3　套管挤压变形分析

2.3.1　力学模型

水力压裂形成的复杂裂缝网络系统可显著提高页岩气藏的产能和采收率，页岩体积压裂形成的复杂裂缝网络可概念化为离散的块体。由于构造环境和水力压裂造成的不平衡力或超压，它可能对页岩块体产生一个推动力，进而对套管产生挤压载荷，页岩挤压套管示意图如图 2-19 所示。可见，压裂液流入离散页岩块体的远端，推动页岩挤压水泥环和套管。

建立压裂后页岩挤压套管力学模型，包括套管、水泥环、页岩地层。为了降低计算成本，建立了对称模型，页岩地层的长度、宽度和高度分别设置为 6m、3m 和 6m。页岩气水平井的井眼直径为 215.9mm，套管的外径和壁厚分别为 139.7mm 和 12.7mm，套管钢级为 140V。

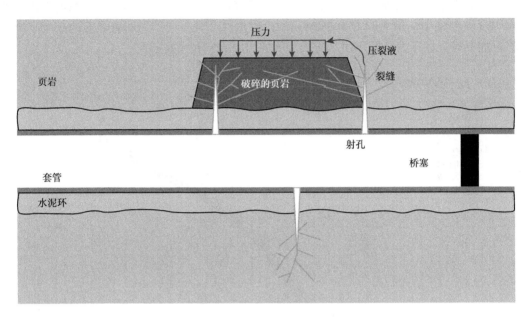

图 2-19   页岩挤压套管示意图

页岩挤压套管的有限元模型如图 2-20 所示。对套管、水泥环和地层进行结构网格划分，套管网格类型设置为三维壳单元 S4R，水泥环和地层的网格单元类型为六面体 C3D8R。

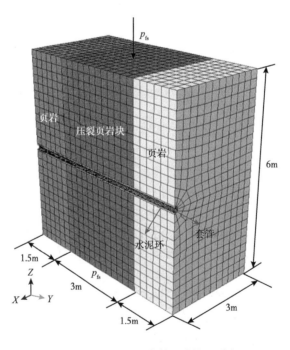

图 2-20   页岩挤压套管的有限元分析

在有限元模型中，假设两侧页岩体是完整的，没有流体流入，它们保持原始状态。压裂后，滞留压裂液压力将诱发中间页岩体移动，设压裂后页岩的压力为 p_{fs}=100MPa，相当于压裂液的井下压力。在模型的对称平面上施加对称约束；在模型的其他外表面上施加法向约束，表明模型受围岩约束；在套管、水泥环和页岩界面上建立了接触关系。

表 2-5 列出了模型中套管、水泥环和页岩地层的力学参数，且压裂页岩的弹性模量、黏聚力低于完整页岩。这是因为水力压裂产生了裂缝网络，降低了压裂页岩的力学性能。

表 2-5　套管、水泥环和地层材料参数

材料名称	弹性模量 /GPa	泊松比	黏聚力 /MPa	内摩擦角 / (°)	屈服强度 /MPa
完整页岩	50.900	0.24	16.610	32.76	—
压裂页岩	2.545	0.24	1.661	32.76	—
水泥环	7.000	0.23	9.000	24.00	—
套管	210.000	0.30	—	—	965.3

2.3.2　力学行为

通过对压裂页岩挤压套管进行有限元分析，可以模拟页岩挤压套管的力学行为。页岩气井的位移分布如图 2-21 所示。从图 2-21 中可以看出，压裂页岩块体向井筒方向移动。从地层顶部 / 底部边界到井筒，位移逐渐减小，地层顶部 / 底部边界位移和井筒位移分别为 94.80mm 和 7.20mm。由于压裂页岩的弹性模量较低，在压裂液压力推动下会产生较大的位移。

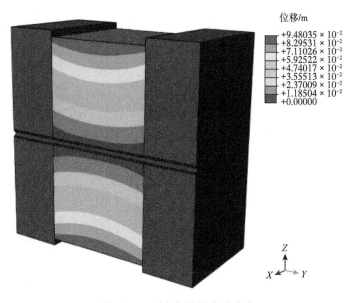

位移/m
+9.48035 × 10⁻²
+8.29531 × 10⁻²
+7.11026 × 10⁻²
+5.92522 × 10⁻²
+4.74017 × 10⁻²
+3.55513 × 10⁻²
+2.37009 × 10⁻²
+1.18504 × 10⁻²
+0.00000

图 2-21　页岩气井的位移分布

图 2-22 是套管位移分布，为了更清楚地显示变形情况，将变形量放大了 5 倍使得变形更加清晰。套管的最大位移为 7.20mm，出现在套管的上下表面。套管在 X 方向的位移分别为 −3.75mm 和 3.75mm。根据对称性，X 方向上套管直径扩大了 7.50mm。套管在 Y 方向的位

移分别为 -1.27mm 和 1.27mm，这表明套管产生了较小的拉伸变形。套管顶面和底面在 Z 方向上的位移分别为 -7.19mm 和 7.19mm，预测 Z 方向上的套管直径将收缩 14.38mm。

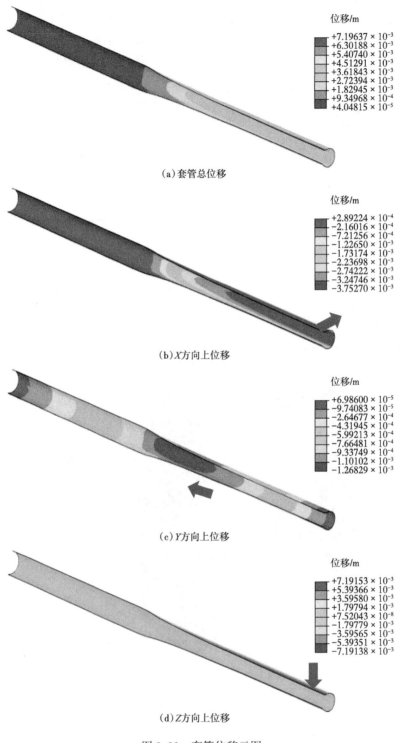

（a）套管总位移

（b）X 方向上位移

（c）Y 方向上位移

（d）Z 方向上位移

图 2-22　套管位移云图

套管等效 Mises 应力云图如图 2-23 所示，套管的中心部分存在明显的应力集中。在压裂液压力推动破碎页岩作用下，套管最大应力达到套管的屈服强度并开始屈服。当压力推动页岩时，页岩会对套管产生非均匀载荷。而在常规油气井的均匀压力下，套管不会失效。因此，套管在压裂页岩的非均匀载荷作用下会发生较大的椭圆变形。

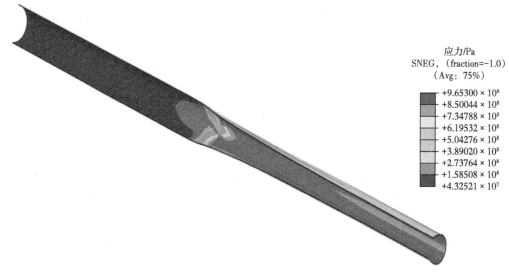

图 2-23　套管等效应力云图

图 2-24 和图 2-25 分别显示了水泥环的等效塑性应变、水泥环与页岩之间的接触压力。水泥环的塑性应变出现在上下两侧，表明水泥环已经屈服。水泥环与页岩之间的接触压力不均匀，水泥环上下两侧的最大接触压力为 162.26MPa。不均匀且较大的接触压力将挤压套管，导致套管变形。

图 2-24　水泥环的等效塑性应变

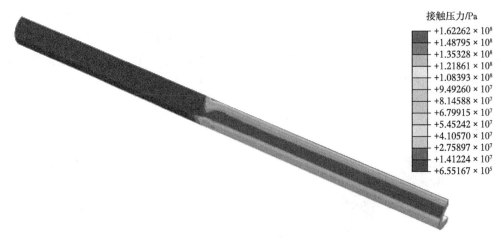

接触压力/Pa
+1.62262 × 10⁸
+1.48795 × 10⁸
+1.35328 × 10⁸
+1.21861 × 10⁸
+1.08393 × 10⁸
+9.49260 × 10⁷
+8.14588 × 10⁷
+6.79915 × 10⁷
+5.45242 × 10⁷
+4.10570 × 10⁷
+2.75897 × 10⁷
+1.41224 × 10⁷
+6.55167 × 10⁵

图 2-25　水泥环的接触压力

套管内径分布如图 2-26 所示。预测的套管最小和最大内径分别为 99.92mm 和 121.80mm；多臂测井仪器测得的最小和最大内径分别为 98.91mm 和 124.55mm，测得的套管直径缩小 15.39mm。预测的套管变形长度为 2.85m；测量的变形长度为 2.71m（表 2-6）。这些结果表明，建立的有限元模型及合理假设可以准确地分析页岩气井套管的椭圆变形。

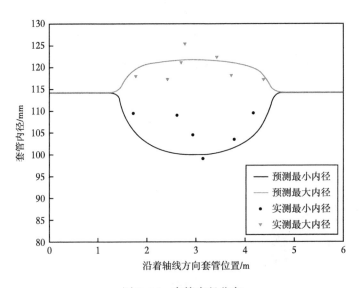

图 2-26　套管内径分布

表 2-6　套管变形的预测数值与测量数值的比较

名称	预测数值 /mm	测量数值 /mm	相对误差 /%
最小内径	99.92	98.91	1.02
最大内径	121.80	124.55	-2.21
内径缩小量	14.38	15.39	-6.56
形变长度	2.85×10^3	2.71×10^3	5.17

　　许多地质和工程因素都可能影响页岩气井套管的完整性。为了明确控制因素，研究了主要因素对套管挤压变形的影响规律。不同压力下的套管应力和变形如图 2-27 所示。随着压裂液对压裂页岩的压力增加，套管的应力和变形也随之增加。在上述情况下，压裂页岩块的临界压力为 60MPa，此时套管直径收缩 6.25mm，套管不会屈服。可见，控制注入压力是防止断层滑移和套管剪切变形的有效方法，也可以减少地层挤压载荷和套管椭圆变形。

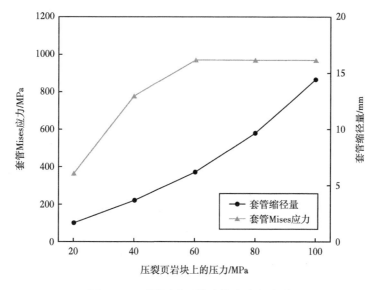

图 2-27　不同压力下的套管应力和变形

　　不同压裂页岩块弹性模量下套管应力和变形如图 2-28 所示。随着压裂页岩块弹性模量减小，套管变形增大。弹性模量是地层破裂和断裂程度的指标，在相同压力下，页岩地层破裂程度越高，套管椭圆变形越大。

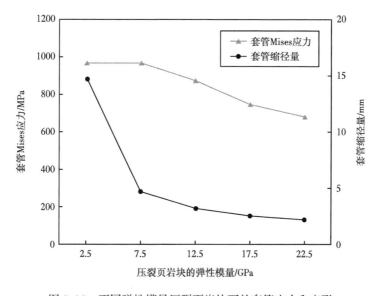

图 2-28　不同弹性模量压裂页岩块下的套管应力和变形

不同套管屈服强度下的套管应力和变形如图 2-29 所示。当套管受到压裂液推动页岩作用时，随着套管强度增加，套管始终处于屈服状态，套管变形略有减小。这表明，使用高钢级套管对预防套变效果不佳。长宁、威远和泸州页岩气田的实践证明了这一分析结果。

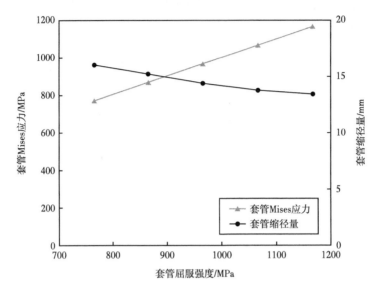

图 2-29　不同套管屈服强度下的套管应力和变形

传统水泥环的弹性模量一般为 7GPa，而可固化树脂基固井材料的弹性模量小于 2GPa。改变固井材料的弹性模量为 0.1~9GPa，讨论固井材料的弹性模量对套管变形的影响。不同固井材料弹性模量下套管应力和变形如图 2-30 所示。随着固井材料弹性模量降低，接触压力急剧下降，套管变形量下降。这表明，低弹性模量的固井材料可以降低套管的变形程度。新型固井材料可能是控制和避免页岩气井套管椭圆变形的有效方法。

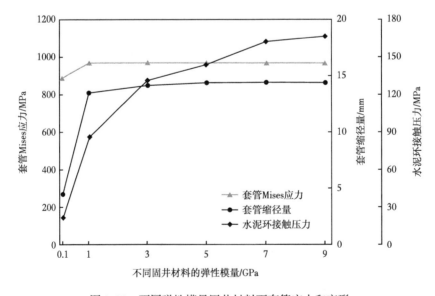

图 2-30　不同弹性模量固井材料下套管应力和变形

　　综上所述，基于测井数据、压裂压力和压裂后岩石性质，页岩挤压套管的力学模型可以快速评估套管完整性，解释套管椭圆变形，而不需要考虑复杂的地质力学和复杂的裂缝扩展；还可以评估页岩气井套管完整性控制措施的效果。

第3章 压裂诱发裂缝滑移及套管变形预测

通过体积压裂，在储层中制造复杂、立体的缝网，从而提高井的产量，与此同时，压裂对地层和井筒产生了复杂的力学作用。为了深入阐明压裂引起地下结构变化，采用多场耦合数值模拟方法，建立压裂过程页岩井筒渗流—应力—损伤耦合模型，模拟压裂工况下地层响应和井筒力学行为。通过模拟，发现压裂诱发了断裂面滑移，对井筒产生巨大的剪切载荷，进而造成了套管变形。从二维、三维视角，展示了地层和井筒在压裂过程中压力分布、裂缝扩展、应力状态和变形情况。

3.1 压裂过程页岩井筒渗流—应力—损伤耦合模型

3.1.1 流固耦合与裂缝扩展理论

（1）流固耦合控制方程。

水力压裂过程中地层响应是注入压裂液后渗流与应力相互作用的结果。注入流体会产生裂缝，引起地层和套管变形；同时，裂缝产生和地层变形也会改变地层渗透率，引起渗流场变化。

地层可视为多孔介质，由岩石骨架和孔隙中流体组成，则总应力由有效应力和孔隙压力组成。采用流固耦合分析地层中固体与流体相互作用。根据虚功原理，多孔介质的平衡方程为：

$$\int_V (\sigma' - p\boldsymbol{I}) : \delta\varepsilon \, \mathrm{d}V = \int_S \boldsymbol{t} \cdot \delta\boldsymbol{v}\mathrm{d}S + \int_V \boldsymbol{f} \cdot \delta\boldsymbol{v}\mathrm{d}V \tag{3-1}$$

式中：V 为控制体积；σ' 为有效应力；p 为孔隙压力；$\boldsymbol{I}$ 为单位矩阵；$\delta\varepsilon$ 为虚应变率；S 为表面积；$\boldsymbol{t}$ 为表面外力矢量；$\delta\boldsymbol{v}$ 为虚速度矢量；$\boldsymbol{f}$ 为体力矢量。

流体流动的连续性方程等于控制体积内流体质量的变化率与单位时间内流过表面的流体质量：

$$\frac{\mathrm{d}}{\mathrm{d}t}\left(\int_V \rho_{\mathrm{f}}\phi\mathrm{d}V\right) = -\int_S \rho_{\mathrm{f}}\boldsymbol{n} \cdot \boldsymbol{v}_{\mathrm{fp}}\mathrm{d}S \tag{3-2}$$

式中：ρ_{f} 为流体密度；ϕ 为孔隙度；$\boldsymbol{v}_{\mathrm{fp}}$ 为流体相对速度；$\boldsymbol{n}$ 为表面外法向向量。

假设地层内流体流动符合达西定律，则流体相对速度：

$$\boldsymbol{v}_{\mathrm{fp}} = -\frac{1}{\phi g \rho_{\mathrm{f}}}\boldsymbol{k} \cdot \left(\frac{\partial p}{\partial \boldsymbol{X}} - \rho_{\mathrm{f}}\boldsymbol{g}\right) \tag{3-3}$$

式中：$\boldsymbol{g}$ 为加速度矢量；g 为重力加速度；$\boldsymbol{k}$ 为渗透系数；$\boldsymbol{X}$ 为空间坐标矢量。

（2）裂缝扩展的黏结模型。

黏结模型可追踪裂缝的起裂和扩展。裂缝的本构关系采用拉伸—剥离的损伤准则，包括弹性、损伤萌生和损伤演化。线性的拉伸—剥离的损伤准则如图 3-1 所示。裂缝失效后，裂缝会张开，流体沿着切向流动和沿着法向渗滤。

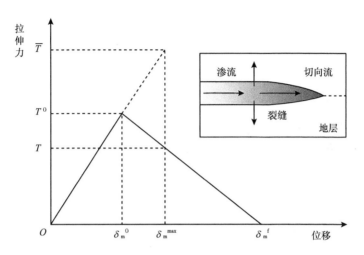

图 3-1　线性的拉伸—剥离的损伤准则和裂缝内流体流动

损伤准则可以用名义应力平方和准则表示：

$$\left\{\frac{\langle T_n \rangle}{T_n^0}\right\}^2 + \left\{\frac{T_s}{T_s^0}\right\}^2 + \left\{\frac{T_t}{T_t^0}\right\}^2 = 1 \tag{3-4}$$

式中：T_n，T_s，T_t 为法向、第一剪切方向、第二剪切方向的拉力；T_n^0，T_s^0，T_t^0 为法向、第一剪切方向、第二剪切方向上峰值名义应力；$\langle\ \rangle$ 代表单纯压缩应力不会引起界面损伤。

损伤演化用刚度退化表征，损伤程度可表示为：

$$D = \frac{\delta_m^f \left(\delta_m^{max} - \delta_m^0 \right)}{\delta_m^{max} \left(\delta_m^f - \delta_m^0 \right)} \tag{3-5}$$

$$\delta_m = \sqrt{\langle \delta_n \rangle^2 + \delta_s^2 + \delta_t^2} \tag{3-6}$$

式中：D 为损伤程度；δ_m 为有效位移；δ_n，δ_s，δ_t 为法向、第一剪切方向、第二剪切方向上位移；δ_m^0，δ_m^f 表示损伤萌生和完全失效时有效位移；δ_m^{max} 为加载历程中最大有效位移。

损伤后界面上拉力可表示为：

$$\begin{aligned} T_n &= \begin{cases} (1-D)\overline{T}_n, & \overline{T}_n \geqslant 0 \\ \overline{T}_n, & \overline{T}_n < 0 \end{cases} \\ T_s &= (1-D)\overline{T}_s \\ T_t &= (1-D)\overline{T}_t \end{aligned} \tag{3-7}$$

式中：$\bar{T}_n$，$\bar{T}_s$，$\bar{T}_t$ 为法向、第一剪切方向、第二剪切方向上理想的弹性拉力。

采用 B-K 断裂能的失效模式控制损伤演化：

$$G_n^c + (G_s^c - G_n^c)\left(\frac{G_s + G_t}{G_n + G_s + G_t}\right)^{\beta} = G_n^c + G_s^c + G_t^c \qquad （3-8）$$

式中：G_n，G_s，G_t 为法向、第一剪切方向、第二剪切方向上因变形的能量耗散；G_n^c，G_s^c，G_t^c 为法向、第一剪切方向、第二剪切方向上导致失效的临界能量；β 为能量系数。

3.1.2　三维多场耦合模型

根据压裂施工特点和圣维南原理，选取多级压裂中一级或一簇改造作为研究对象。水力压裂过程中裂缝滑移模型如图 3-2 所示。页岩通常发育裂缝、断层和弱面；水力裂缝和天然裂缝相交，形成了复杂裂缝网络。为了简化分析，模型中设置一个主要的天然裂缝或断层和水力裂缝，它们和井筒相交。

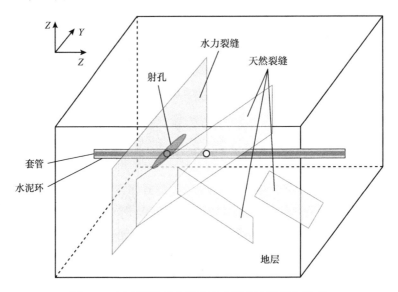

图 3-2　压裂诱发裂缝滑移及套管变形的概念模型

基于页岩压裂诱发裂缝或断层激活的假设，建立了压裂诱发裂缝滑移及套管变形的三维模型，如图 3-3 所示。模型包括页岩地层、裂缝 / 断层、射孔点、裂缝扩展路径、套管、水泥环等。考虑现场压裂裂缝尺寸和节省计算资源，模型中地层的长度、宽度、高度依次取 300m、300m、100m。地层承受水平最大地应力、水平最小地应力和垂向地应力。设断层的初始长度为 $l=l_1+l_2$；断层面与水平最小地应力方向的夹角为 θ；断层面与水力裂缝的交点、断层面与套管的交点分别记作关键点 1、关键点 2，这两个关键点与射孔点的距离依次记作 d_1、d_2。

设某断层的几何特征参数见表 3-1。页岩地层中井眼直径为 215.9mm，套管的外径和壁厚分别为 139.7mm、12.7mm；设套管在井眼里居中，且套管与井眼之间的环空充填着均质、等厚的水泥环。

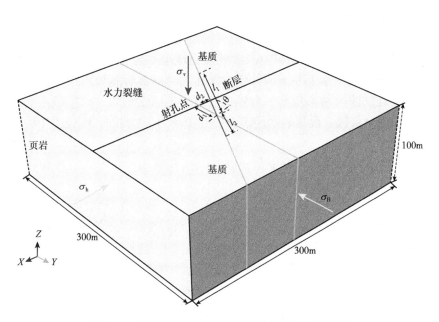

图 3-3　压裂诱发裂缝滑移及套管变形的三维模型

表 3-1　断层几何特征参数

l/m	l_1/m	l_2/m	θ/ (°)	d_1/m	d_2/m
150	109.65	40.35	60	30	17.32

在模型中，套管视为理想的弹塑性材料，水泥环材料采用 Mohr-Coulomb 本构模型，页岩、断层的材料性质需要考虑力学、物性和渗流参数，裂缝/断层采用黏结模型。页岩、断层和井筒的材料性质参数见表 3-2。

表 3-2　页岩、断层和井筒的材料性质参数

参数	取值	参数	取值
页岩弹性模量 /MPa	45900	断层断裂能 / (J/m²)	30
页岩泊松比	0.25	滤失系数 /[m³/ (s·Pa)]	$2×10^{-12}$
页岩渗透率 /mD	0.1	水泥环弹性模量 /MPa	7000
页岩孔隙度	0.02	水泥环泊松比	0.23
水力裂缝 / 基质抗张强度 /MPa	2.9	水泥环内聚力 /MPa	9
水力裂缝 / 基质抗剪强度 /MPa	20	水泥环内摩擦角 / (°)	24
断层抗张强度 /MPa	1.45	套管弹性模量 /MPa	210000
断层抗剪强度 /MPa	12	套管泊松比	0.3
水力裂缝 / 基质断裂能 / (J/m²)	30	套管强度 /MPa	758

根据水力压裂前后的工况不同，数值模拟分为两个载荷步：

（1）对页岩地层施加初始地应力，模拟页岩地层在地下的初始应力状态。根据现场地应力情况，水平最大地应力为 67MPa，水平最小地应力为 46MPa，垂向应力为 61MPa，初始孔隙压力为 26MPa。由于井下流体压力的作用，对套管施加内压力 64MPa。对模型中地层四个侧面施加法向约束位移，对地层底面施加固定约束，对模型顶面施加对称约束。采用超静水压力系统，设页岩地层表面的孔隙压力为 0MPa，则模型中的初始地应力场为有效应力场。

（2）在射孔点注入压裂液，设排量 $q=0.2\text{m}^3/\text{s}$，压裂时间为 900s，模拟压裂液注入及裂缝扩展的过程。

页岩地层采用应力—渗流耦合单元，套管的单元类型为壳单元，水泥环的单元类型为实体单元。通过嵌入零厚度 Cohesive 单元层，模拟水力裂缝、断层/天然裂缝的扩展过程，设水力裂缝的扩展路径沿着水平最大地应力方向；在水力裂缝中定义初始损伤的 Cohesive 单元模拟射孔。建立了压裂诱发裂缝滑移及套管变形的三维有限元模型，如图 3-4 所示。

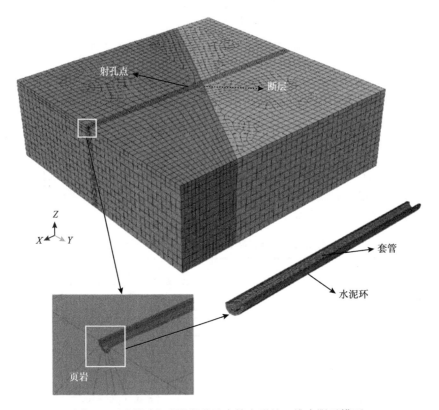

图 3-4　压裂诱发裂缝滑移及套管变形的三维有限元模型

3.1.3　二维多场耦合模型

假设双翼裂缝遵循 KGD 裂缝模型，三维的压裂模型可以进一步简化为二维平面应变模型。

对模型做了以下假设：

（1）地层是多孔弹性介质；

（2）材料性质是均质的、各向同性的；

（3）裂缝视为具有平面应变行为；

（4）井筒相对地层尺寸很小，且抗力有限；

（5）忽略压裂液和储层的热效应。

为减少三维模型计算量，提高压裂参数敏感性分析效率，建立了压裂诱发裂缝滑移的二维模型，如图 3-5 所示。模型包括页岩地层、断层、射孔点、裂缝扩展路径等。模型中地层的长度和宽度取 300m、300m。地层承受水平最大地应力和水平最小地应力。断层的长度为 l_1+l_2，断层与水平最小地应力夹角为 θ，断层两个交点与射孔点距离记作 d_1、d_2。设断层夹角 θ=60°，断层总长为 150m，其中 l_1、l_2 的长度分别为 40.35m、109.65m，断层两端的基质长度均为 98m，d_1=30m，d_2=17.32m。

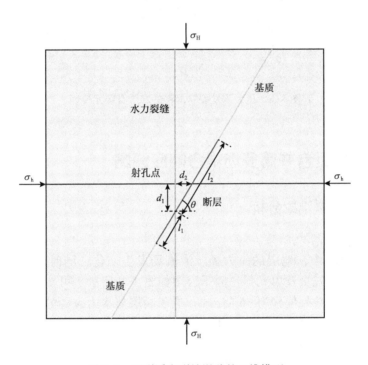

图 3-5　压裂诱发裂缝滑移的二维模型

二维耦合模型的模拟分为两个载荷步：

（1）对页岩地层施加初始地应力，模拟页岩地层在地下的初始应力状态。根据现场地应力情况，水平最大地应力为 67MPa、水平最小地应力为 46MPa、垂向应力为 61MPa、初始孔隙压力为 26MPa。模型中约束 X、Y 方向的边界位移，定义边界孔压为 0MPa，选择超静水压力系统，则模型中的初始地应力场为有效应力场。

（2）在射孔点通过集中点流体注入方式进行压裂，设排量为 q=0.002m³/s，压裂时间为 900s，模拟压裂液注入及裂缝扩展的过程。

页岩采用应力—渗流耦合单元，裂缝、断层和基质采用 Cohesive 单元。建立了压裂诱发裂缝滑移的二维有限元模型，如图 3-6 所示。

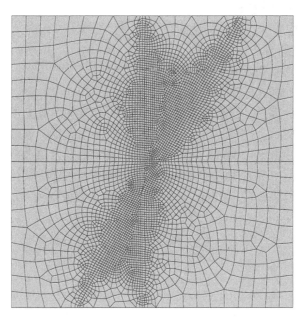

图 3-6　压裂诱发裂缝滑移的二维有限元模型

3.2　压裂过程页岩井筒多场耦合响应预测

3.2.1　三维多场模拟结果分析

（1）压裂过程地层多场响应。

在水力压裂过程中，地层的应力场、渗流场发生变化，同时地层出现了损伤和裂缝。页岩地层的位移矢量及单元损伤因子云图如图 3-7 所示。可知，页岩地层沿着断层面产生了剪切位移，最大位移为 36.85mm，位于断层与水力裂缝的相交处。断层面左侧的地层沿着断层面向下滑移，而断层面右侧的地层沿着断层面向上滑移。在水力压裂过程中，水力裂缝和断层的扩展形态可以通过损伤因子表征，当损伤因子为 1 时代表单元完全损伤破坏。当水力裂缝扩展至与断层相交时，水力裂缝转向，继而裂缝沿着断层面扩展。

断层孔隙压力和断层滑移量随着压裂时间的变化关系如图 3-8 所示。可知，在压裂时间为 32.63s 前，断层孔隙压力逐渐增大但断层没有激活。当压裂时间为 32.63s 时，断层孔隙压力达到了 30.03MPa，与此同时断层激活，出现了瞬时滑移，并在压裂时间为 34.62s 时达到了 30.67mm 的滑移量。在断层滑移后，断层孔隙压力急剧下降，而后又缓慢回升并逐渐趋于稳定；断层滑移量缓慢增加，而后趋于稳定。模拟结果说明了断层滑移的机理：压裂液大量涌入断层，断层内孔隙压力急剧增大，断层有效应力降低，造成了断层滑移。在断层剪切滑移的作用下，势必会给套管带来巨大的剪切载荷，威胁着井筒完整性。

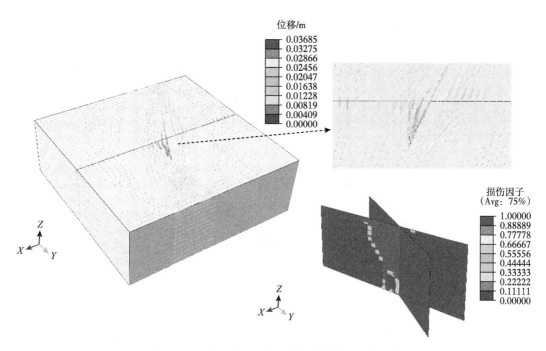

图 3-7 页岩地层的位移矢量和单元损伤因子云图

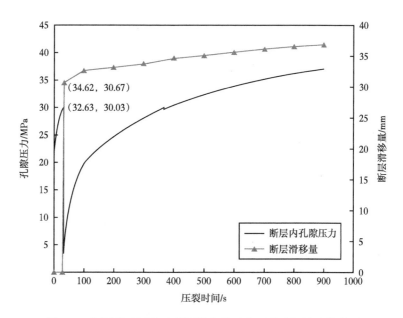

图 3-8 断层孔隙压力及断层滑移量随着压裂时间的变化关系

（2）套管力学行为分析。

利用三维多场模型，除了可以模拟水力压裂过程地层的多场响应外，还能够同步显示井筒的力学行为。套管 Mises 应力和位移云图如图 3-9 所示。套管在地层滑移的作用下产生了剪切变形，呈 S 形状，套管的最大 Mises 应力达到 758MPa，位于套管与断层面相交处。套管在断层面左侧的位移量为 s_1=29.91mm，套管在断层面右侧的位移量为 s_2=30.46mm，则套管总的剪切位移量为 s=60.37mm。

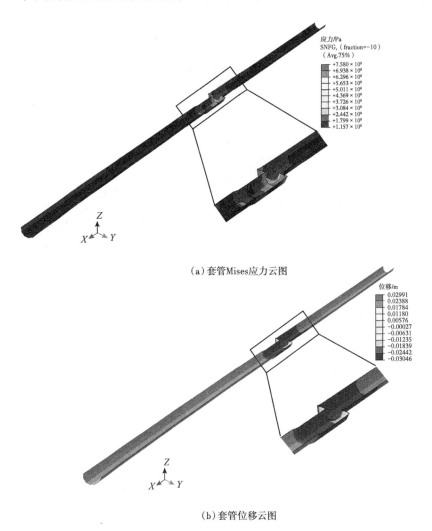

（a）套管Mises应力云图

（b）套管位移云图

图 3-9　套管 Mises 应力云图和位移云图

　　沿着套管轴线方向拾取套管 Mises 应力、剪切位移和内径变化，如图 3-10 所示。可以看出，套管 Mises 应力在离断层面较远的地方基本保持不变，随着离断层面距离的减小而增大，并在断层面位置达到最大值 758MPa，套管出现屈服破坏。在断层面附近套管产生剪切位移，断层面两侧剪切位移接近呈对称剪切，总的剪切位移量为 60.37mm。套管内径在离断层面较远的地方基本保持不变，在剪切变形位置套管的最大内径为 115.13mm，最小内径为 109.95mm，说明剪切变形对套管的内径影响较小。

　　某页岩气井在水力压裂过程中发生了套管变形，套变发生在 2711.46~2714.05m，段长 2.59m，扩径和缩径峰值比较接近，说明该井发生剪切变形。通过对该井的 24 臂井径测井曲线的解释结果，识别出该段套管的最大内径为 116.35mm，最小内径为 111.78mm，如图 3-10 所示。

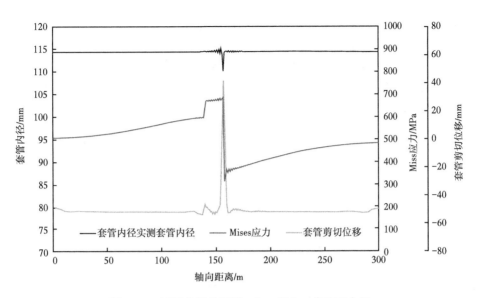

图 3-10　不同位置的套管 Mises 应力、位移和内径

结合三维多场模拟结果与现场测试，可知：压裂会诱发裂缝或断层滑移，进而造成套管剪切变形；页岩气井套管剪切变形对套管内径的影响较小，这是因为套管在断层滑移的作用下发生了整体偏移，套管截面基本保持圆形；在套管剪切变形位置处允许工具通过的最大直径会急剧减小，导致井下工具下入过程中遇阻；随着地层剪切位移的增加，套管偏离原来位置的距离越远，当工具通过时，原来尺寸的工具就会无法通过，只能更换更小尺寸的工具。

3.2.2　二维多场模拟结果分析

采用压裂诱发断层滑移的二维有限元模型，通过数值模拟，可以分析压裂引起的孔隙压力变化、地层位移等响应。当压裂时间为 900s 时，地层位移和孔隙压力云图如图 3-11 所示。地层在水力裂缝与断层相交的位置位移最大为 42.31mm。水力裂缝、断层、基质内孔隙压力为 47.43~56.92MPa，流体的流动方向如图中的箭头，说明水力裂缝没有突破断层，而是裂缝沿着断层向两端扩展。

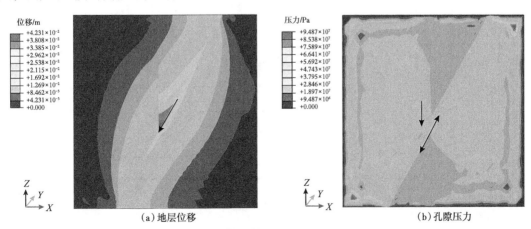

（a）地层位移　　　　　　　　　　　　　　　（b）孔隙压力

图 3-11　地层位移和孔隙压力分布

图 3-12 分别为射孔点注入压力、断层内孔隙压力的曲线，从图 3-12 中可知，当压裂时间为 46.22s 时，射孔点注入压力、断层与水力裂缝交点压力迅速攀升，分别为 49.13MPa、41.78MPa，这是因为此时水力裂缝刚好遇到断层；当水力裂缝突破交点并完全打开断层和基质之后，射孔点注入压力、断层内孔隙压力迅速降低，然后缓慢回升，且基本维持在 50MPa 以内。

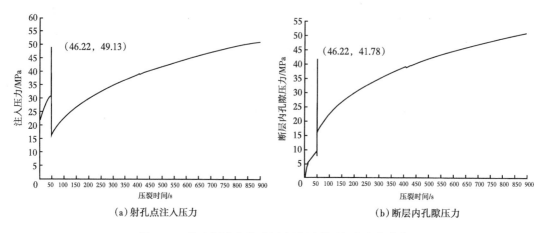

（a）射孔点注入压力　　　　　　　　　（b）断层内孔隙压力

图 3-12　注入压力和孔隙压力随压裂时间的变化曲线

沿着水平井眼方向提取不同压裂时间水平井眼位置在 Y 方向的位移，如图 3-13 所示。由图 3-13 可知，水平井眼在断层附近出现了位移不连续，在断层与水平"井眼"轴线交点处，地层位移分别呈现负位移、正位移，说明地层产生了剪切滑移。当压裂时间分别为 100s、300s、500s、700s、900s 时，水平"井眼"的剪切位移分别为 52.24mm、53.31mm、

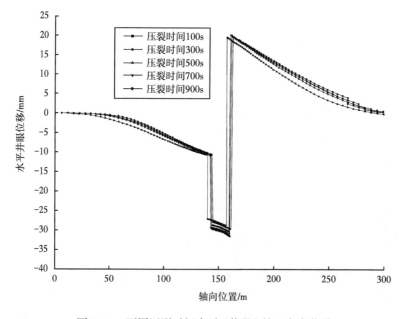

图 3-13　不同压裂时间水平"井眼"的 Y 方向位移

54.13mm、54.85mm、55.51mm。随着压裂时间的增长，水平"井眼"的剪切位移逐渐增加，但增幅逐渐减小，其原因为断层在 46.22s 时瞬时滑移对断层滑移贡献最大，瞬时滑移以后断层呈稳定滑移状态，增幅较小。

　　基于压裂诱发断层滑移的二维有限元模拟结果，可知：当水力裂缝与断层交会时，注入点压力、断层内孔隙压力迅速上升，压裂液沿着天然裂缝向两侧流动，裂缝沿着断层向两端扩展；水力压裂诱发了断层滑移；断层的滑移位移主要来源于断层的瞬时滑移。

　　最后，对比分析二维模拟与三维模拟的结果，可知：采用压裂诱发断层滑移的二维有限元模型模拟的结果与三维模拟的结果存在一定的误差，主要由流量、裂缝形态差异和假设不同等因素引起，但模拟结果呈现的规律基本相似。三维模拟更符合实际情况，但收敛困难、耗时很长；二维模拟不仅能提高计算效率，而且可以定量反映压裂诱发断层位移及孔隙压力变化，可用于简捷分析压裂过程可能产生的地层滑移，近似认为地层滑移等于套管的位移。

第 4 章 压裂工况井筒完整性实验

为了检测压裂诱发地层滑移和套管变形的现象，通过岩心注水剪切三轴物理模拟实验，对人工制备的岩心开展注水和压裂，观测岩心中钢管的变形形态和内径变化。

4.1 实验装置与方法

本实验通过在人工制备岩心中预制天然裂缝，并向内置于岩心中的钢管注水和压裂，探究钢管的变形与天然裂缝的关系。为了更好地分析岩心内的天然裂缝在注水压裂过程中对钢管的剪切作用，在制备的水泥试件中内置了具有孔眼的钢管，其中孔眼与天然裂缝对齐，用来保障注入的水能沿着天然裂缝流动。

考虑套管、天然裂缝、压裂和地应力等因素，建立了含天然裂缝和钢管的岩心注水剪切三轴物模实验，如图 4-1 所示。图 4-1 中右侧表示岩心，钢管内置于岩心正中心且与岩心底部保留一段距离，天然裂缝与钢管的孔眼对齐。在加载方面，首先，对岩心施加轴压、围压；然后，通过定排量的方式向岩心内注水和压裂；当水充满钢管后，会沿着预制的天然裂缝流动并沿着天然裂缝面两侧向地层渗流，直至岩心在水力的作用下完全破裂，实验结束后观测裂缝的扩展形态及钢管的变形情况。

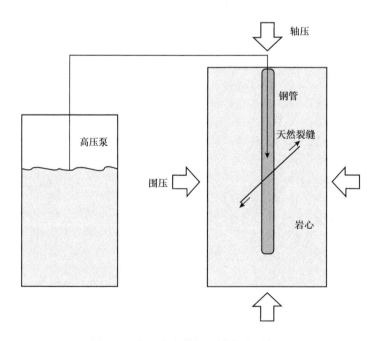

图 4-1 岩心注水剪切三轴实验示意图

实验装置选用全直径岩心压裂测试装置，通过该装置对含天然裂缝和钢管的岩心进行压裂。图 4-2 为 YLCS-2 全直径岩心压裂测试装置，该装置允许的围压为 0~60MPa，轴压为 0~40MPa，岩心直径为 100mm，岩心长度为 150mm。

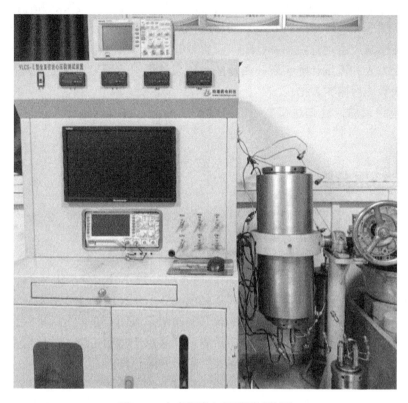

图 4-2　全直径岩心压裂测试装置

（1）样品制备。

①岩心制备。采用水泥浇筑及特制模具制备岩心，包括：无天然裂缝岩心 3 块、含 45° 天然裂缝的岩心 3 块、改性水泥环固井的含 45° 天然裂缝岩心 3 块。水泥浆的水灰比为 0.35，将水泥倒入模具，并候凝 7d，待岩心干燥以后取出。需要注意的是，水泥浆需要通过振动台去除气泡，在向模具内倒入水泥之前，需要对模具的内部刷油，避免岩心与模具的黏结。

②钢管制备。在岩心中套取井眼，把钢管居中置入井眼中，并用水泥浆封固。钢管的内径为 10mm，壁厚为 1mm。钢管长度取 130mm，并在 100mm 位置进行开孔模拟射孔，孔眼的直径为 2mm。

③预制天然裂缝。通过纸板来模拟高渗透的天然裂缝，纸板尺寸为 60mm×60mm×4mm，在岩心浇筑过程中放入纸板并呈 45°，模拟具有一定倾角的天然裂缝。

④改性水泥环固井。在制备改性水泥环固井的岩心时，采用直径为 25mm、长度为 130mm 的塑料水管内置于岩心正中心，待岩心候凝 7d 后取出，模拟井眼。将掺杂含量为 20% 空心球的水泥浆倒入井眼内，并将钢管内置于正中心，模拟改性水泥固井过程，候凝 7d。

（2）实验步骤。

在每个实验中，通过注入系统以恒定的排量注入压裂液，当裂缝扩展到岩心边界处停止压裂。岩心注水剪切三轴实验的实验步骤主要包括：

①把制备好的岩心与井筒置入全直径岩心压裂测试装置，连接管线和监测系统，施加围压和轴压，围压和轴压分别取 6MPa、1MPa；

②使用高压泵经由钢管内部和孔眼向天然裂缝注水，泵注排量为 5cm³/min；

③采用压力表和流量计等装置，测量注水压裂过程中的压力和流量变化等，记录声发射、裂缝扩展等压裂监测数据；

④在实验结束后，首先观察岩心的裂缝扩展形态，再取出钢管，观察、测量钢管的内径。

4.2 实验结果分析

本实验主要研究天然裂缝和含空心球的改性水泥环对水力裂缝扩展、天然裂缝剪切滑移及钢管变形的影响，实验共对 3 种工况进行了测试。

（1）岩心无天然裂缝情况下井筒力学行为。

实验过程中保持泵注排量、围压及轴压等各项参数不变，分析无天然裂缝条件下裂缝扩展和钢管变形情况。实验后岩心的形貌如图 4-3 所示，由图 4-3 可知，岩心产生了一条水平的裂缝，与水平最大主应力方向平行。实验结果表明，在没有天然裂缝干扰的情况下，水力裂缝将沿着水平最大主应力方向扩展。这是由于垂向主应力的压应力远小于水平最大主应力，水力裂缝更容易沿着水平最大主应力方向延伸。

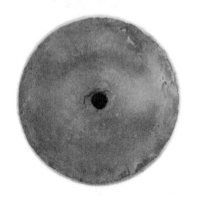 

(a) 压裂前   (b) 压裂后

图 4-3 无天然裂缝岩心压裂前后形貌

随着压裂时间的增加，监测到的泵注压力曲线如图 4-4 所示。从图 4-4 中可知，当压裂时间约为 2min 时，泵压瞬间上升，这是由于此时钢管内部已经被水充满。当压裂时间为 2~4min 时，泵注压力在 4~4.8MPa 之间波动，但基本稳定呈一个平台状，该阶段水力裂缝正在扩展。当压裂时间大于 4min 时，监测到的泵压瞬间降低并保持在一个较低的水平，说明水力裂缝已经扩展到了岩心边界。

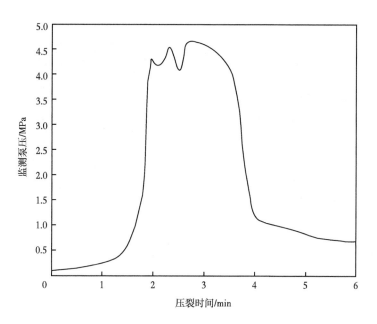

图 4-4　无天然裂缝岩心泵压监测曲线

将岩心内的钢管取出，并将其编号为 1。为了方便观察和测量钢管的变形，将钢管抵住直尺来观察钢管的变形情况。图 4-5 为无天然裂缝岩心内的钢管测量结果，从图 4-5 中可知，钢管的外壁与直尺之间几乎不存在缝隙，说明没有天然裂缝干扰的条件下，岩心没有对钢管产生剪切或挤压作用，钢管不会发生变形。

图 4-5　无天然裂缝情况下钢管变形

（2）岩心含天然裂缝情况下井筒力学行为。

实验过程中保持泵注排量、围压及轴压等各项参数不变，分析岩心含天然裂缝条件下裂缝扩展、滑移和钢管变形情况。实验前后岩心的形貌如图 4-6 所示，由图 4-6 可知，岩心产生了一条具有一定倾角的裂缝。实验结果表明，在有天然裂缝干扰的情况下，注入的水沿着天然裂缝流动，水力裂缝沿着天然裂缝扩展。这是由于天然裂缝具有高孔、高渗透、弱胶结强度的特点，注入钢管内的水优先沿着孔眼进入天然裂缝，较小的泵压即可将天然裂缝撑开。

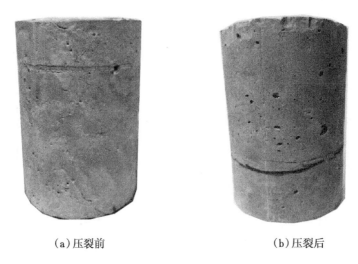

（a）压裂前 　　　　　　　　　　　　（b）压裂后

图 4-6　含天然裂缝岩心压裂前后形貌

　　随着压裂时间的增加，监测到的泵注压力曲线如图 4-7 所示。从图 4-7 中可知，当压裂时间约为 6min 时，泵压开始逐渐上升，此时裂缝开始沿着天然裂缝面扩展。当压裂时间为 6~8min 时，泵注的压力达到最大 1.7MPa，该阶段水力裂缝处于扩展状态。当压裂时间为 8~9min 时，监测到的泵压瞬间降低并保持在一个较低的水平，说明水力裂缝已经扩展到了岩心边界。

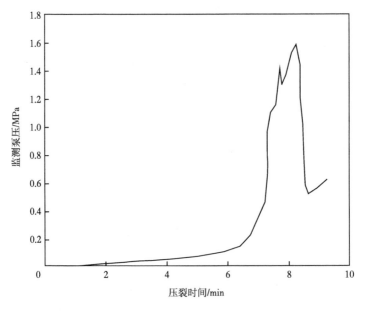

图 4-7　含天然裂缝岩心压裂曲线

　　将岩心内的钢管取出，并将其编号为 2。为了方便观察和测量钢管的变形，将钢管抵住直尺来观察钢管的变形情况。图 4-8 为含天然裂缝岩心的钢管测量结果，从图 4-8 中可知，钢管的外壁与直尺之间存在明显的缝隙，且一侧弯曲、一侧内凹，测量其弯曲尺寸为

0.5mm、凹陷尺寸为 1mm，说明含天然裂缝条件下钢管发生了剪切变形。

图 4-8　含天然裂缝情况下钢管变形

（3）改性水泥环情况下井筒力学行为。

在岩心含天然裂缝条件下，进一步进行实验研究，制作外径为 25mm、内径 12mm 的改性水泥环，水泥环中掺杂了 20% 空心球，空心球粒径大小为 100μm。

实验过程中保持泵注排量、围压及轴压等各项参数不变，分析改性水泥环条件下裂缝扩展、滑移及钢管变形情况。实验前后岩心的形貌如图 4-9 所示，由图 4-9 可知，岩样产生了一条具有一定倾角的裂缝。实验结果表明，在采用改性水泥环固井、含天然裂缝岩心的裂缝扩展形态与仅含天然裂缝但不使用改性水泥环固井的岩心裂缝基本一致。

（a）压裂前　　　　　　　　　　　（b）压裂后

图 4-9　改性水泥环情况下含天然裂缝岩心压裂前后形貌

随着压裂时间的增加，监测到的泵注压力曲线如图 4-10 所示。从图 4-10 中可知，当压裂时间约为 4min 时，泵压开始逐渐上升，此时裂缝开始沿着天然裂缝面扩展。当压裂时间为 4~17min，泵注压力在 0.8~1MPa 之间波动，呈一个较长的平台状，该阶段水力裂缝正在扩展。当压裂时间大于 17min 时，监测到的泵压瞬间降低并保持在一个较低的水平，说明水力裂缝已经扩展到了岩心边界。

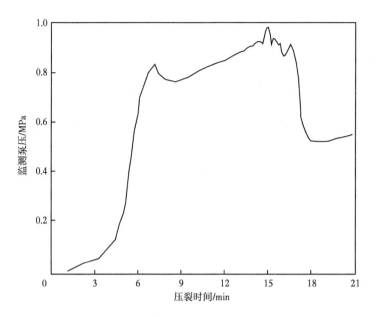

图 4-10　改性水泥环情况下含天然裂缝岩心压裂曲线

将岩心内的钢管取出，并将其编号为 3。为了方便观察和测量钢管的内径变化，将钢管抵住直尺来观察钢管的变形情况。图 4-11 为含天然裂缝岩心、掺杂 20% 空心球改性水泥环情况下钢管变形测量结果，从图 4-11 中可知，钢管的外壁与直尺之间的缝隙相对于2 号有所减小，说明改性水泥环可以减小钢管的变形。

图 4-11　改性水泥环且含天然裂缝情况下钢管变形

4.3　实验与数值模拟对比

为了对模型模拟裂缝滑移的准确性进行验证，本节根据含天然裂缝岩心的实验，建立岩心注水剪切的有限元模型，开展泵注排量为 5cm³/min，围压和轴压分别为 6MPa、1MPa的数值模拟。实验获取的岩心和钢管的力学性质见表 4-1。

模拟分为两个载荷步。第一步，对岩心施加初始围压及轴压，模拟岩心初始受力状态。根据实验加载情况，围压为 6MPa，轴压为 1MPa。模型中约束岩心外表面 X 和 Y 方向的边界位移，定义边界孔压为 0MPa。第二步，在射孔点通过集中点流体注入的方式，设排量 $q=5cm^3$/min，模拟压裂液注入及裂缝扩展的过程。

建立了含天然裂缝岩心注水剪切有限元模型，如图 4-12 所示。采用扫掠的网格划分技术对有限元模型划分网格。通过给网格模型内置 Cohesive 单元的方法，分别模拟天然裂缝和岩心基质，天然裂缝的尺寸及岩心的尺寸与实验保持一致。

表 4-1　岩心和钢管的力学性质

参数	取值
岩心弹性模量 /MPa	10650
岩心泊松比	0.203
岩心渗透率 /mD	0.074
岩心孔隙度	0.27
岩心抗拉强度 /MPa	2
天然裂缝抗拉强度 /MPa	1.45
钢管弹性模量 /MPa	194020
钢管泊松比	0.3
钢管屈服强度 /MPa	205

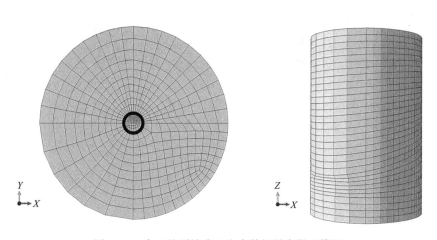

图 4-12　含天然裂缝岩心注水剪切的有限元模型

利用有限元模型进行注水压裂模拟，当向岩心内注水 240s 时，岩心沿着天然裂缝面剪切钢管，最大剪切位移为 3.21mm，如图 4-13 所示。岩心发生剪切后，井筒发生明显的偏移，严重影响了井筒的安全。

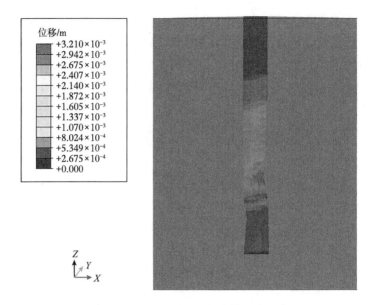

图 4-13　含天然裂缝岩心与井筒的剪切位移

　　岩心内钢管的径向位移及整体应力云图如图 4-14 所示，由图 4-14 可知，钢管的变形形态呈 S 形，向两侧的位移分别为 0.99mm、0.36mm，钢管的变形量为 1.35mm，与含天然裂缝情况下实验值 1.5mm 对比，误差为 10%。钢管有效应力达 205MPa，发生了局部屈服破坏。

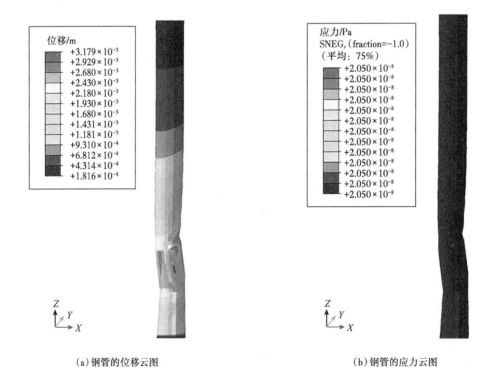

（a）钢管的位移云图　　　　　　　　　　　（b）钢管的应力云图

图 4-14　钢管的位移及应力云图

第 5 章　页岩气井套管变形控制方法评估

在页岩气井套管变形机理分析的基础上，尝试从以下几个方面对套管变形进行控制：（1）通过提高套管柱强度从而抵抗套管变形；（2）通过改良固井材料的方式降低地层向套管的载荷传递；（3）通过优化井身结构降低地层滑移下套管变形；（4）通过优化压裂参数从而降低断层剪切套管的风险；最后分析了地层特性对套变风险的影响。对主客观影响因素进行敏感性分析，综合考虑钻井、固井和压裂难度和成本，评估各种控制方法的可行性和效果，为页岩气井套管变形防控提供科学依据。

5.1　套管强度

利用裂缝滑移下页岩井筒力学分析，设页岩地层的滑移量为 20mm，通过改变套管壁厚，获得提高套管柱强度对抵抗套管变形的影响规律。

当套管厚度为 12.7mm 时，套管的应力和位移分布如图 5-1 和图 5-2 所示。套管最大应力为 217.5MPa，最大横向位移为 15.0mm。

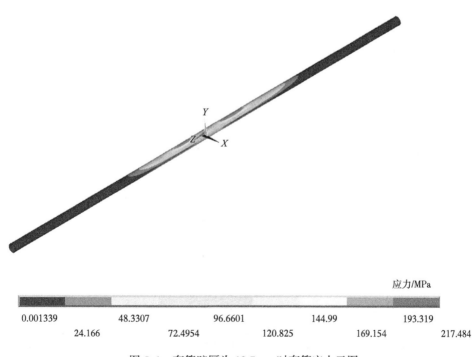

应力/MPa

0.001339		48.3307		96.6601		144.99		193.319	
	24.166		72.4954		120.825		169.154		217.484

图 5-1　套管壁厚为 12.7mm 时套管应力云图

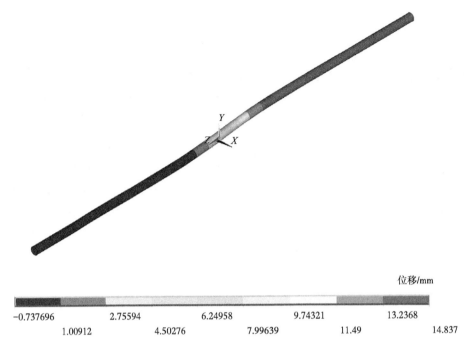

位移/mm

| -0.737696 | 2.75594 | 6.24958 | 9.74321 | 13.2368 |
| 1.00912 | 4.50276 | 7.99639 | 11.49 | 14.837 |

图 5-2　套管壁厚为 12.7mm 时套管位移云图

当套管厚度为 21.7mm 时，套管的应力和位移分布如图 5-3 和图 5-4 所示。套管最大应力为 177.1MPa，最大横向位移为 15.0mm。

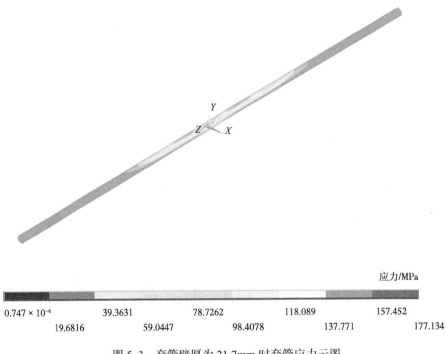

应力/MPa

| 0.747×10^{-6} | 39.3631 | 78.7262 | 118.089 | 157.452 |
| 19.6816 | 59.0447 | 98.4078 | 137.771 | 177.134 |

图 5-3　套管壁厚为 21.7mm 时套管应力云图

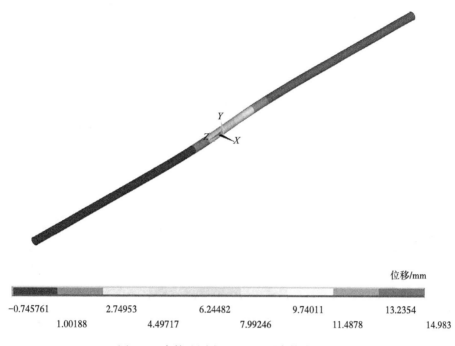

位移/mm

| -0.745761 | 2.74953 | 6.24482 | 9.74011 | 13.2354 |

| 1.00188 | 4.49717 | 7.99246 | 11.4878 | 14.983 |

图 5-4　套管壁厚为 21.7mm 时套管位移云图

设套管壁厚 t 分别取 9.7mm、12.7mm、15.7mm、18.7mm、21.7mm，套管壁厚对套管变形形态、狗腿度的影响规律如图 5-5 和图 5-6 所示。可见，随着套管壁厚增大，套管变形形态几乎不变，套管剪切变形狗腿度略有下降。

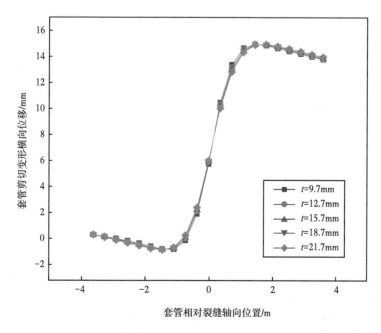

图 5-5　不同套管壁厚时套管横向位移与剪切变形形态

63

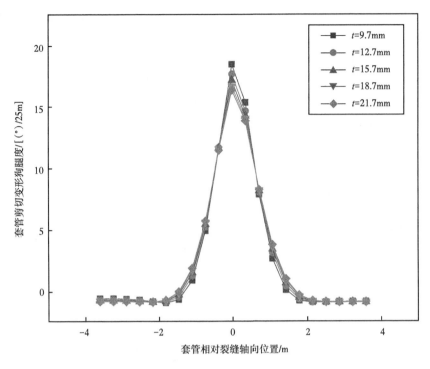

图 5-6　不同套管壁厚时套管剪切变形狗腿度

由于页岩滑移作用下套管最大等效应力只有 217.5MPa，小于 N80、P110 等钢级的屈服强度，可以推测，提高套管钢级对预防套管变形效果微弱，不再进行详细的模拟分析。

综上，提高套管强度不能有效地减缓页岩气井套管变形问题，反而增加钻井成本。在液柱压力造成套管爆破或挤扁、盐膏层挤毁套管等情形下，提高套管强度是预防套管损坏的有效方法，但这种方法不适用于页岩气井特殊工况，不建议盲目地提高套管钢级或壁厚。

5.2　固井材料

固井水泥是井筒的重要组成部分，用于封隔环空流体和支撑套管；同时，水泥环也是套管与地层的过渡地带，在地层扰动情况下起到把地层载荷向套管传递的媒介作用。

为了阐明裂缝滑移作用下水泥环或固井材料的性质对套管受力的影响规律，设水泥环的弹性模量为 0.1GPa、1.0GPa、3.0GPa、5.0GPa、7.0GPa，模拟不同水泥环弹性模量条件下套管的变形，得到水泥环弹性模量对套管变形的影响规律。

当水泥环弹性模量为 5GPa 时，地层滑移作用下套管应力和位移分布如图 5-7 和图 5-8 所示。套管最大应力为 181.3MPa，最大横向位移为 15.0mm。

当水泥环弹性模量为 1GPa 时，地层滑移作用下套管应力和位移分布如图 5-9 和图 5-10 所示。套管最大应力为 78.5MPa，最大横向位移为 15.0mm。

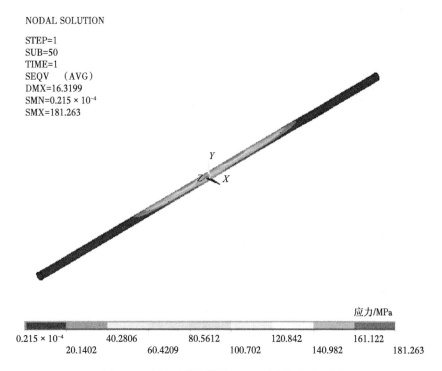

NODAL SOLUTION

STEP=1
SUB=50
TIME=1
SEQV　（AVG）
DMX=16.3199
SMN=0.215 × 10⁻⁴
SMX=181.263

应力/MPa

0.215 × 10⁻⁴		40.2806		80.5612		120.842		161.122	
	20.1402		60.4209		100.702		140.982		181.263

图 5-7　水泥环弹性模量 5GPa 时套管应力云图

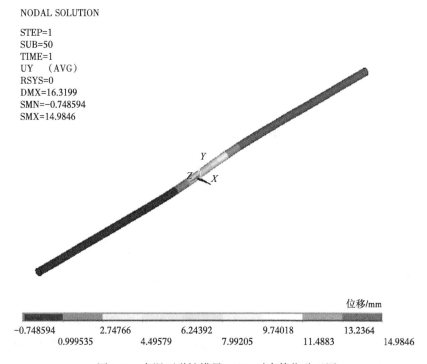

NODAL SOLUTION

STEP=1
SUB=50
TIME=1
UY　（AVG）
RSYS=0
DMX=16.3199
SMN=−0.748594
SMX=14.9846

位移/mm

−0.748594		2.74766		6.24392		9.74018		13.2364	
	0.999535		4.49579		7.99205		11.4883		14.9846

图 5-8　水泥环弹性模量 5GPa 时套管位移云图

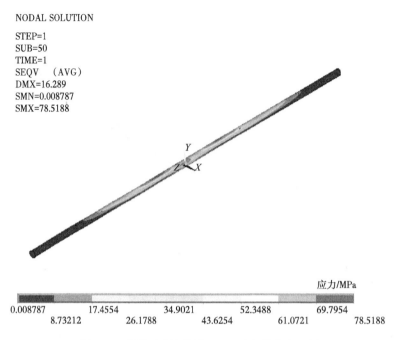

NODAL SOLUTION
STEP=1
SUB=50
TIME=1
SEQV （AVG）
DMX=16.289
SMN=0.008787
SMX=78.5188

应力/MPa

| 0.008787 | | 17.4554 | | 34.9021 | | 52.3488 | | 69.7954 | |
| | 8.73212 | | 26.1788 | | 43.6254 | | 61.0721 | | 78.5188 |

图 5-9　水泥环弹性模量 1GPa 时套管应力云图

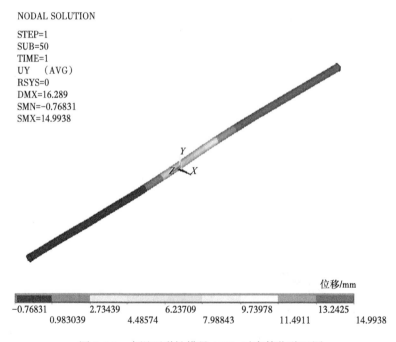

NODAL SOLUTION
STEP=1
SUB=50
TIME=1
UY （AVG）
RSYS=0
DMX=16.289
SMN=-0.76831
SMX=14.9938

位移/mm

| -0.76831 | | 2.73439 | | 6.23709 | | 9.73978 | | 13.2425 | |
| | 0.983039 | | 4.48574 | | 7.98843 | | 11.4911 | | 14.9938 |

图 5-10　水泥环弹性模量 1GPa 时套管位移云图

由图 5-11 和图 5-12 可知，随着水泥环弹性模量降低，页岩裂缝滑移引起套管剪切变形的形状由 "S" 形变成反 "Z" 形，最后变成倾斜 "I" 形，低弹性模量的水泥环会使裂缝滑移下套管剪切变形变得舒缓。所以，为了保证井下工具在套管内顺利通过，应使用低弹性模量的水泥环，建议在断层滑移高风险位置使用弹性模量小于 3GPa 的固井材料。

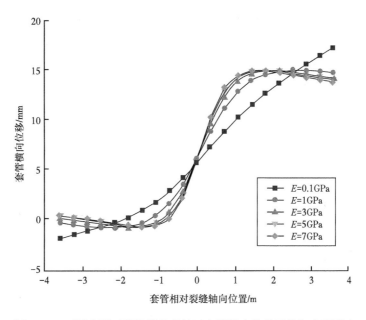

图 5-11 不同水泥环弹性模量条件下套管横向位移及剪切变形形态

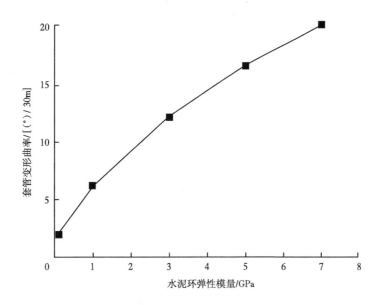

图 5-12 水泥环弹性模量对套管变形曲率的影响规律

设水泥环的泊松比分别取 0.20、0.23、0.26、0.29、0.32，获得不同水泥环泊松比条件下页岩滑移套管力学响应。水泥环泊松比对套管变形曲率的影响规律如图 5-13 所示。可见，水泥环的泊松比对套管剪切变形曲率的影响很小。此外，又分析了水泥环的内摩擦角等其他性质，发现它们对套管剪切变形曲率的影响都很小，可以忽略。

在混凝土领域中，采用掺加橡胶微粒的方法，配制高抗渗、低弹性模量和高抗拉的塑性混凝土。橡胶微粒的掺入对降低混凝土弹性模量的效果十分显著，当橡胶微粒掺量为 14.3% 时，其弹性模量可降至 0.9GPa。若使用聚合物韧性水泥浆，例如树脂、乳胶，则可降低水泥环整体的弹性模量和降低外力传递系数。固井作业可以借鉴此方法，配制掺入橡胶微粒的水泥浆，从而降低水泥环的弹性模量，能够降低裂缝滑移造成套管变形及井下工具阻卡的风险。此外，固井作业也可以使用分级箍、封隔器等工具，或者不封固断层附近的井段，给断层错动留出缓冲地带，能够延缓或防止井筒失效。

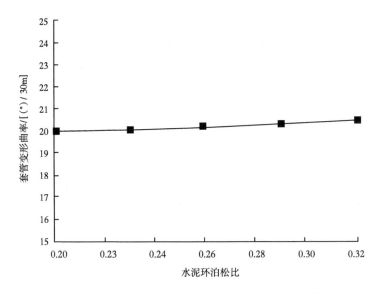

图 5-13　水泥环泊松比对套管变形曲率的影响规律

研究发现，试图通过增加井筒强度来抵抗坚硬地层滑移的想法是不合理的；相反，应该增加井筒对地层滑移的"顺从性"，以柔克刚，化解地层对套管的冲击、剪切作用。建议在断层或天然裂缝带上下 2m 采用低弹性模量固井材料或者不固井，能够显著地提高压裂工况页岩气井的套管完整性。

5.3　井身结构

（1）扩大井眼直径。

在固定套管规格的条件下，改变井眼外径，依次取 165.1mm、200mm、215.9mm、222.2mm、241.3 mm，则对应的水泥环厚度见表 5-1，分析水泥环厚度单一因素对套变的影响规律。通过多次数值模拟，获得不同井眼直径即水泥环厚度下套管的力学状态。

表 5-1　不同井身结构下水泥环厚度

名称	井眼直径 /mm	套管外径 /mm	套管壁厚 /mm	水泥环厚度 /mm
井身结构 1	165.1	139.7	12.7	12.70
井身结构 2	200.0	139.7	12.7	30.15
井身结构 3	215.9	139.7	12.7	38.10
井身结构 4	222.2	139.7	12.7	41.25
井身结构 5	241.3	139.7	12.7	50.80

当水泥环厚度为 38.1mm 时，套管的应力和位移分布如图 5-14 和图 5-15 所示。套管最大应力为 217.6MPa，最大横向位移为 16.3mm。

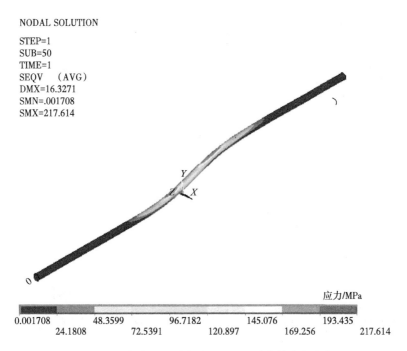

图 5-14　当水泥环厚度为 38.1mm 时套管应力分布

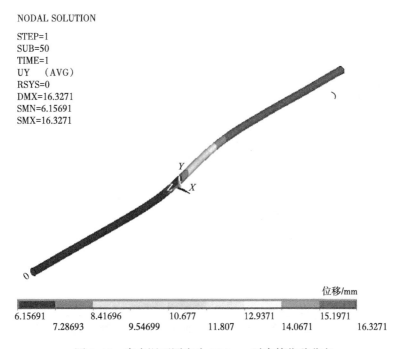

图 5-15　当水泥环厚度为 38.1mm 时套管位移分布

当水泥环厚度为 50.8mm 时，套管的应力和位移分布如图 5-16 和图 5-17 所示。套管最大应力为 195.8MPa，最大横向位移为 16.3mm。

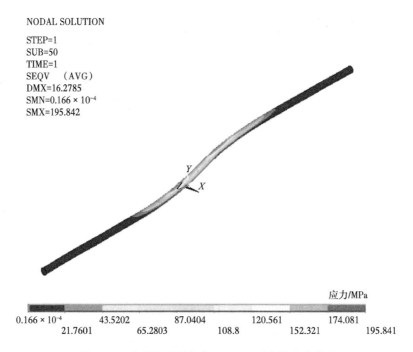

NODAL SOLUTION

STEP=1
SUB=50
TIME=1
SEQV （AVG）
DMX=16.2785
SMN=0.166 × 10⁻⁴
SMX=195.842

应力/MPa

| 0.166 × 10⁻⁴ | | 43.5202 | | 87.0404 | | 120.561 | | 174.081 | |
| 21.7601 | | 65.2803 | | 108.8 | | 152.321 | | 195.841 |

图 5-16　当水泥环厚度为 50.8mm 时套管应力分布

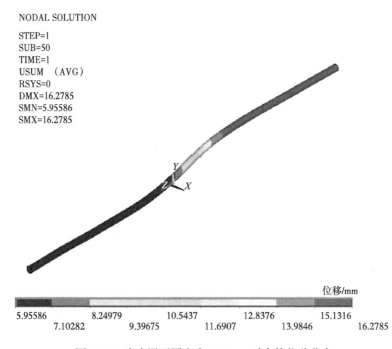

NODAL SOLUTION

STEP=1
SUB=50
TIME=1
USUM （AVG）
RSYS=0
DMX=16.2785
SMN=5.95586
SMX=16.2785

位移/mm

| 5.95586 | | 8.24979 | | 10.5437 | | 12.8376 | | 15.1316 | |
| 7.10282 | | 9.39675 | | 11.6907 | | 13.9846 | | 16.2785 |

图 5-17　当水泥环厚度为 50.8mm 时套管位移分布

把不同井眼直径 / 水泥环厚度下套管力学状态汇总，见表 5-2。

表 5-2 不同井眼直径 / 水泥环厚度下套管力学状态

名称	井眼直径 / mm	套管外径 / mm	套管壁厚 / mm	水泥环厚度 / mm	套管应力 / MPa	套管位移 / mm	套管狗腿度 / （°）/25m
井身结构 1	165.1	139.7	12.70	12.70	320.97	16.74	22.37
井身结构 2	200.0	139.7	12.7	30.15	236.68	16.38	18.66
井身结构 3	215.9	139.7	12.7	38.10	217.61	16.33	17.73
井身结构 4	222.2	139.7	12.7	41.25	211.31	16.32	17.43
井身结构 5	241.3	139.7	12.7	50.80	195.84	16.28	16.63

水泥环厚度对套管应力、位移、曲率的影响规律如图 5-18 和图 5-19 所示。由此可知，在其他条件不变的情况下，随着水泥环厚度（井眼直径）增加，地层滑移下套管的应力、位移、曲率（狗腿度）均降低。当水泥环厚度由 12.7mm 增加到 50.8mm 时，附加的套管应力由 320.97MPa 降低到 195.84MPa；套管位移只降低了 0.46mm；套管狗腿度由 22.37°/25m 降低到 16.63°/25m。表明增加水泥环厚度（井眼直径）可以降低地层滑移下套管的应力、位移、曲率（狗腿度）。

根据现有井身结构，上层技术套管尺寸为 244.5mm，下开次使用的钻头通常为 200mm、215.9mm、222.2mm，考虑到使用大井眼引起成本增加，将限制这种套变控制方法的应用。

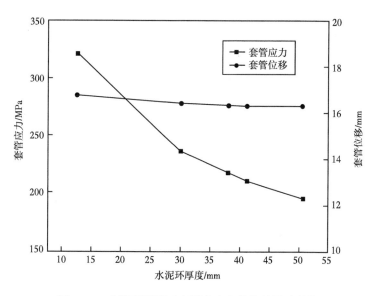

图 5-18 水泥环厚度对套管应力和位移的影响规律

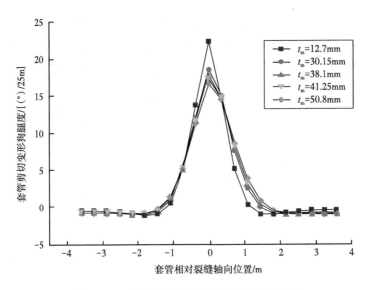

图 5-19 水泥环厚度对套管曲率的影响规律

（2）缩小套管直径。

根据页岩气井的井史资料，页岩气井常见的水平段井身结构有三种，见表 5-3。通过模拟分析不同的井身结构对套变的影响规律（图 5-20）。

表 5-3 页岩气井水平段几何参数

名称	井眼直径 /mm	套管外径 /mm	套管壁厚 /mm	水泥环厚度 /mm
井身结构 A	215.9	139.7	12.70	38.10
井身结构 B	215.9	127.0	12.14	44.45
井身结构 C	215.9	114.3	8.56	50.80

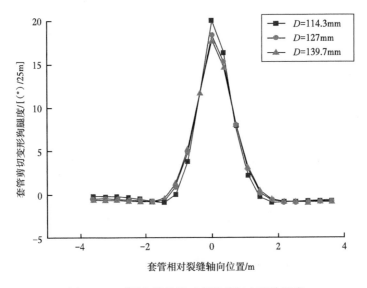

图 5-20 不同套管外径时套管剪切变形狗腿度

这三种常规的井身结构变化对套管剪切变形曲率影响较小；相对而言，井身结构 A 最安全，井身结构 C 最危险。考虑井下工具的通过性和生产套管尺寸要求，仍然推荐继续使用井身结构 A 或 B。

5.4　压裂参数

压裂诱发断层激活或裂缝滑移是页岩气井套管剪切变形的主要原因，然而在不同的页岩气开发区块套管变形问题的严重程度却各不相同。统计数据表明，长宁—威远页岩气开发示范区 61.7% 的套管变形点与天然裂缝或者层理弱面有关，并且表现出剪切变形的特点。涪陵页岩气开发示范区在与长宁地区相近的压裂工艺下却没有发生大规模的套管变形。这是因为在不同的地质环境下，断层的活化程度不同，断层的激活条件也不同。

为了理清不同的工程因素和地质因素下的地层响应，基于压裂诱发裂缝滑移的二维模型，定量分析压裂排量和液量、分簇参数等工程因素及地应力、断层倾角等地质参数对地层滑移的影响规律。

5.4.1　排量和液量

（1）压裂排量。

选取压裂排量为 0.002m³/s、0.01m³/s、0.02m³/s、0.03m³/s，为了使液量相同，则对应不同排量下压裂时间分别为 900s、180s、90s、60s，保持模型其他参数不变。模拟不同排量条件下地层的多场响应，且分析排量对裂缝滑移位移的影响规律。

不同排量条件下地层和裂缝位移如图 5-21 和图 5-22 所示。由图 5-21 和图 5-22 可知，五种排量条件下裂缝的最大滑移位移分别为 41.74mm、42.31mm、41.71mm、41.18mm、40.97mm，五种条件对地层位移影响很小。所以，当保持液量不变、排量增大或减小时，裂缝的位移变化较小，五种排量的裂缝位移最大仅相差 1.34mm。

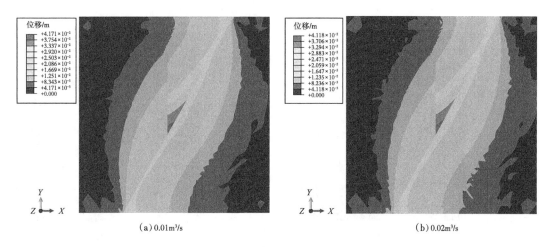

图 5-21　不同排量条件下地层和裂缝的位移

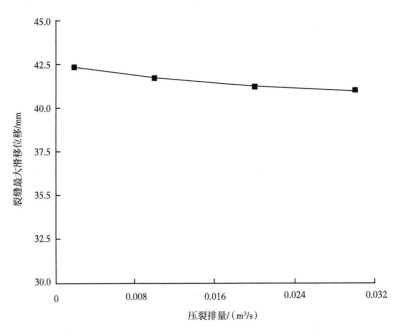

图 5-22　不同压裂排量条件下裂缝最大滑移位移

（2）压裂液量。

设压裂液排量为 0.002 m^3/s，选取压裂时间分别为 100s、300s、500s、700s、900s，则对应的液量依次为 0.2m^3、0.6m^3、1m^3、1.4m^3、1.8m^3，保持模型其他参数不变。模拟不同液量条件下地层多场响应，分析液量对裂缝滑移位移的影响规律。

不同压裂液量条件下地层和裂缝位移如图 5-23 所示。由图 5-23 可知，在液量分别为 0.2m^3、0.6m^3、1m^3、1.4m^3、1.8m^3 条件下，裂缝的最大滑移位移分别为 36.85mm、38.59mm、40.01mm、41.22mm、42.31mm；裂缝的最大滑移位移随着压裂液量的增加而增大。

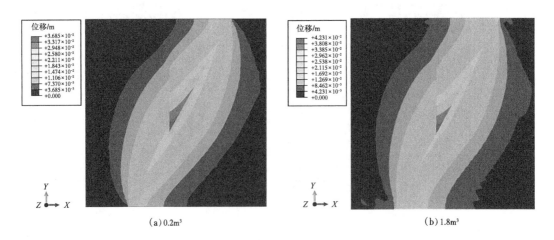

　　（a）0.2m^3　　　　　　　　　　　　　　　　（b）1.8m^3

图 5-23　不同压裂液量条件下地层和天然裂缝位移

图 5-24 是压裂液量与裂缝最大滑移位移的关系曲线。由图 5-24 可知，随着压裂液量的增加，裂缝最大滑移位移增加；当压裂液量从 0.2m³ 增加到 1.8m³，裂缝最大滑移位移增加了 5.46mm，说明压裂液量对裂缝的位移有一定的影响。

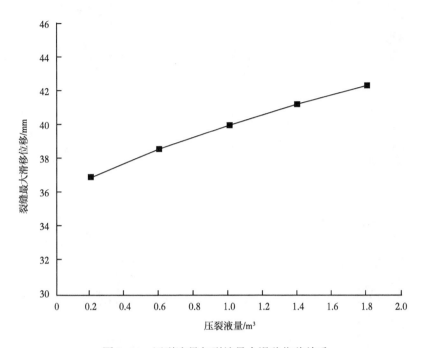

图 5-24　压裂液量与裂缝最大滑移位移关系

5.4.2　分簇参数

设某一段压裂的段长为 60m，改变分簇数目为一簇、三簇、六簇、九簇、十二簇，保持液量、排量、地应力差、裂缝倾角、裂缝位置等模型其他参数不变，模拟不同分簇参数条件下地层多场响应，分析分簇参数对裂缝滑移位移的影响规律。

当压裂时间为 900s 时，不同分簇参数条件下地层和裂缝位移如图 5-25 所示。由图 5-25 可知，在分簇数目分别为一簇、三簇、六簇、九簇、十二簇的条件下，裂缝的最大滑移位移分别为 42.31mm、50.77mm、52.95mm、58.38mm、58.38mm；在压裂较长时间情况下，随着分簇数目增加，裂缝的最大位移逐渐增加，滑移面积逐渐增大。

从图 5-26 可知，随着压裂时间的增长，裂缝最大滑移位移先急剧增大后趋于稳定。当压裂时间小于 300s 时，三簇、六簇、九簇、十二簇条件下裂缝没有产生位移；当压裂时间大于 300s 时，随着分簇数目的增加，裂缝最大滑移位移增加。说明分簇对裂缝滑移的影响与压裂时间密切相关，采用多簇、短时间压裂方式，可以降低裂缝滑移的风险。

在地质设计和压裂施工中，应该根据地震资料精细识别断层，并在断层附近适当增加分簇数量和减少压裂时间（即液量），从而降低断层等弱面上能量聚集和润滑效应，能够预防或减少地层滑移，也就预防了套管大变形。

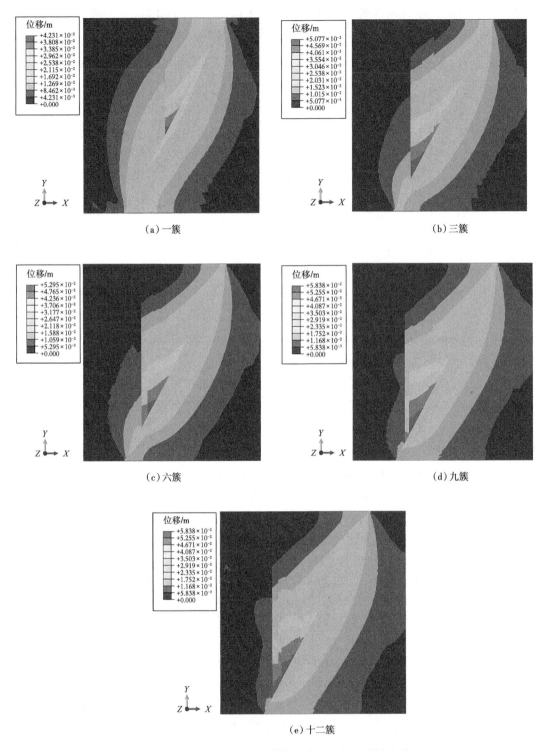

图 5-25　压裂 900s 时不同簇数条件下地层和裂缝位移

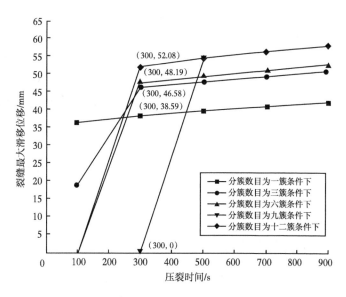

图 5-26　不同分簇数目和压裂时间下裂缝最大滑移位移

5.5　地质参数

5.5.1　地应力差

为了研究不同地应力差对断层或裂缝滑移的影响，保持水平最大地应力及其他参数不变，改变水平最小地应力，使地应力差为 9MPa、12MPa、15MPa、18MPa、21MPa，分析不同地应力差条件下裂缝滑移情况。

当压裂时间为 900s 时，不同地应力差条件下地层和裂缝位移如图 5-27 所示。由图 5-27 可知，在地应力差分别为 9MPa、12MPa、15MPa、18MPa、21MPa 条件下，裂缝的最大位移分别为 23.19mm、26.64mm、32.71mm、36.32mm、42.31mm，裂缝的最大滑移位移随着地应力差的增大而增大。

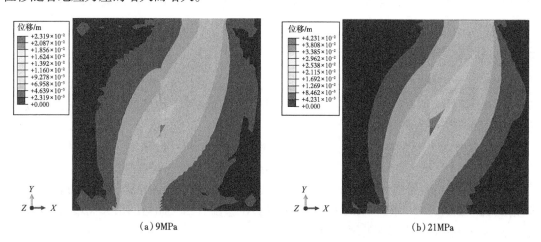

（a）9MPa　　　　　　　　　　　　　　　　（b）21MPa

图 5-27　不同地应力差条件下地层和裂缝位移

从图 5-28 可知，地应力差越大，裂缝的最大滑移位移就越大；裂缝的位移随着压裂时间的增长而逐渐增大。当压裂时间为 300s、地应力差为 9MPa 时，裂缝的最大滑移位移为 17.62mm；当压裂时间为 300s、地应力差增大到 15MPa 时，裂缝的最大滑移位移为 26.68mm，增加了 9.06mm，增长了 51.41%。在地应力差为 9MPa、12MPa 情况下，在 300s 前地层不会滑移；在地应力差大于 15MPa 情况下，在 100s 时地层就已经有了滑移。

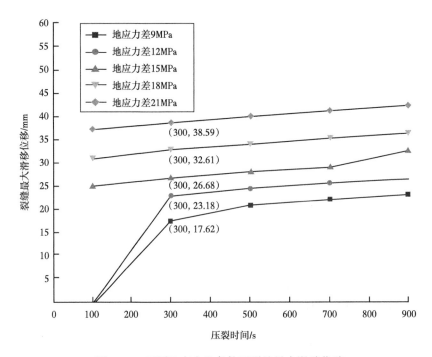

图 5-28　不同地应力差条件下裂缝最大滑移位移

可见，较大的地应力差更容易产生较大的地层滑移。据调研分析，北美页岩气区块地应力差仅为几个兆帕，远远小于川南页岩气区块的地应力差，所以国内套变问题严重，而北美套变不严重。

5.5.2　断层倾角

设断层或裂缝倾角（断层求裂缝与水平最小地应力的夹角）分别为 15°、30°、45°、60°、75°，保持模型其他参数不变，模拟不同断层倾角条件下地层多场响应，分析断层倾角对断层滑移位移的影响规律。

当压裂时间为 900s 时，不同断层倾角条件下地层和断层位移如图 5-29 和图 5-30 所示。由图 5-29 和图 5-30 可知，在断层倾角分别为 15°、30°、45°、60°、75° 条件下，断层的最大滑移位移分别为 28.05mm、39.24mm、41.44mm、42.31mm、55.43mm；在断层倾角从 15° 增加到 75° 条件下，断层的最大滑移位移随着断层倾角的增大而增大；断层的最大滑移位移随着压裂时间的增长而逐渐增大。

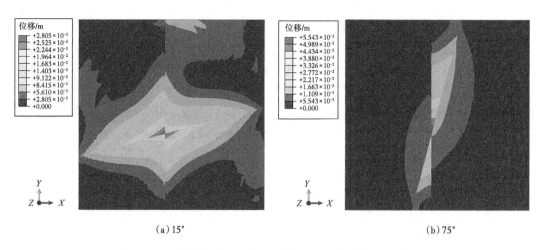

（a）15°　　　　　　　　　　　　　　（b）75°

图 5-29　不同断层倾角条件下压裂 900s 时地层和断层位移

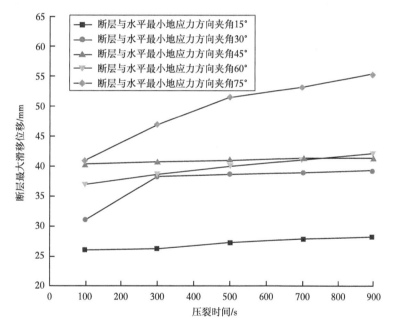

图 5-30　不同断层倾角条件下断层最大滑移位移

5.6　套管变形控制现状分析

页岩气井水力压裂导致的套管失效问题严重，但页岩气井套管变形的控制手段有限、效果欠佳，当前主要的套管变形控制方法可以归纳为以下几个方面：在钻井与固井方面，优化井眼轨迹以避开断裂带，采取韧性水泥固井或不固井。根据地震资料横向分辨率高、所含信息丰富的优势，借此对水平井位进行设计，避开断层或裂缝滑移区域，进而可以提高井筒完整性及优质储层钻遇率。若井眼轨迹无法避开断层等高风险区域，则优选低弹性模量水泥或不固井，对地层载荷起到缓冲作用，从而减少套管变形。在压裂方面，优化设计压裂参数，防止风险断层产生滑移。通过提高压裂监测技术，实时优化压裂分簇和施工压力等参数，通过降低泵注液量、增加簇数、暂堵裂缝等方式，降低断层滑移风险。

尽管现有页岩气井套管变形控制方法取得了一定进展，在部分井区降低了套变率，但具有较大的随机性和局限性，主要存在以下不足：（1）使用高钢级套管预防套变效果较差，且增加钻井成本；（2）调整断裂带压裂参数（降低压力或液量、优化分簇、暂堵裂缝等）可以减少断层滑移，但断裂带及潜在套变位置难以准确预测，且影响压裂效果；（3）地层滑移井段局部采用不固井或改性水泥可以一定程度上减少套变，但不固井影响井筒密封性，改性水泥对套变控制效果欠佳；（4）特殊载荷下固井材料—套管的密封性和结构完整性一体化研究不足，兼顾环空密封和防护套管的固井材料尤为缺乏。

页岩气井套管变形控制技术的发展趋势主要有：基于高分辨率复杂地质识别的套管完整性设计方法，精准评价地质灾害及井筒失效风险，事先对钻井、压裂进行地质工程一体化优化设计，从而有效预防套变；研发新的固井材料和套管保护工具，在断层激活或地层形变情况下，井筒材料或工具可以化解载荷，能够保护套管通径；研究快捷低成本的套管修复技术，可以对变形套管进行快速整形修复，重建套管完整性。

第 6 章 页岩气井套管变形智能预警

页岩气井套变是地质因素与工程因素综合作用的结果，其影响因素包括裂缝/断层、地应力、温度效应、页岩吸水特性、套管强度、固井质量、压裂施工等，这些因素具有非线性、不确定性和时变性等特点。传统的套变预测方法很难兼顾这些因素，所以导致预测精度低、成本高。机器学习模型能够基于收集的数据获得有价值的认识，可以帮助做出快速而正确的决策，并且已经初步应用于石油工程中。建立基于粒子群优化随机森林的套变智能预测模型，实现准确、快捷地预测页岩气井套变问题，为套变预测和防控提供技术支持和辅助决策。

6.1 套变智能预警模型

6.1.1 套变数据处理

原始数据通常不能直接用于机器学习模型，原因如下：某些机器学习模型只能处理数值类型的数据；数据中存在的错误和统计噪声会降低模型的预测精度；数据复杂的非线性关系可能难以获得有价值的知识。因此，将数据输入模型之前需对其进行优化，这包括解决缺失值、离群值、有偏差数据等问题。

不同压裂、地质条件下套变模拟结果与现场实测结果形成大数据样本，基于机器学习算法，建立压裂过程套变预测模型。结合调研分析和现场施工经验，以压裂时间、压裂排量、分簇数目、地应力差、裂缝倾角、裂缝位置等 6 个地质与工程参数作为模型输入，以套变量作为待预测量。

由于原始数据量纲不一致，数据范围相差较大，将不同尺度的特征值组合在一起可能会对训练的模型产生不利的影响。数据标准化缩放可以在不丢失信息的情况下，创建与原始数据相同比率和分布的标准化值，公式为：

$$z = \frac{x - \mu}{\sigma} \tag{6-1}$$

式中：z 为 x 标准化后的值；μ 为均值，σ 为标准差。标准化后的数据集见表 6-1。

表 6-1 部分数据标准化处理结果

压裂时间	压裂排量	地应力差	裂缝倾角	裂缝位置	分簇数目	套变量
2.46	−1.44	0.35	0.28	−0.21	−0.27	42.16
0.40	−1.42	0.35	0.28	−0.21	−0.27	42.15

续表

压裂时间	压裂排量	地应力差	裂缝倾角	裂缝位置	分簇数目	套变量
−0.28	−1.40	0.35	0.28	−0.21	−0.27	41.41
−0.63	−1.38	0.35	0.28	−0.21	−0.27	40.98
−0.22	0.73	0.36	0.29	−0.22	−0.27	0
0.17	0.72	0.35	0.28	−0.21	−0.27	0
1.54	0.72	0.35	0.28	−0.21	−0.27	39.10
2.00	0.72	0.35	0.28	−0.21	−0.27	39.77
2.46	0.72	0.35	0.28	−0.21	−0.27	40.43

对于标准化后的数据集，按照4:1的比例随机划分，其中80%作为训练数据，建立机器学习模型；20%作为测试数据（以下简称测试集），检验模型在实际使用中的泛化能力。

6.1.2 算法原理简介

为了能够获得一个高精度的套变预测模型，不仅需要增强训练数据质量，还需要选择合适的机器学习算法。由于无法直接确定哪一种机器学习算法最好，所以利用多个算法建立模型，互相竞争角逐，评选出性能最强的模型。

随机森林（random forest，RF）以决策树作为基学习器，对基学习器的每个节点进行划分时，先从该节点的总的属性集合（假设 d 个）随机选择一个包含 k 个属性的子集，然后再从选出的属性子集中选择一个最优属性用于划分节点。该算法能够处理高维数据，并行化运行，模型抗干扰能力强（图6-1）。

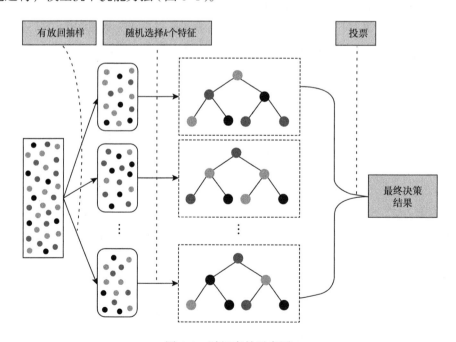

图6-1　随机森林示意图

人工神经网络（artificial neural network，ANN）是一种从信息处理角度对人脑神经元网络进行抽象，按不同的连接方式组成不同网络的算法。采用误差反向传播算法（back propagation，BP）训练参数的人工神经网络称为 BP 神经网络。网络的输出则随网络的连接方式、权重值和激活函数的不同而不同。该算法具有自适应、拟合能力强等特点（图 6-2）。

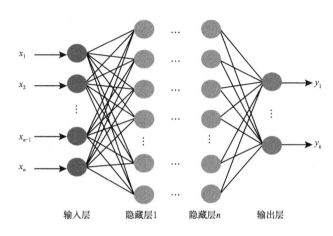

图 6-2　人工神经网络示意图

6.1.3　性能度量

对模型的性能进行评估时，需要选择合适的评价标准，即性能度量。在对比不同模型的性能时，使用不同的性能度量往往会导致不同的评判结果，这就意味着模型的"好坏"是相对的，什么样的模型是好的，不仅取决于算法和数据，还决定于任务需求。

均方误差（mean squared error，MSE）表示所有预测数据和对应的原始数据差异的平均值，其值越小说明拟合效果越好。

$$\mathrm{MSE} = \frac{1}{m}\sum_{i=1}^{m}\left[f(x_i)-y_i\right]^2 \tag{6-2}$$

式中：m 为数据大小；$f(x_i)$ 为第 i 个数据的预测值；y_i 为第 i 个数据的真实值。

决定系数（R^2）表示真实值 y 中的变异性能能够被模型解释的比例，它衡量各个自变量对因变量变动的解释程度。决定系数的取值在 0~1 之间，当值越接近于 1 时，则变量的解释程度就越高；当值越接近于 0 时，则变量的解释程度就越弱。

$$R^2 = 1 - \frac{\sum\limits_{i=1}^{m}\left[y_i-f(x_i)\right]^2}{\sum\limits_{i=1}^{m}\left(y_i-\bar{y}\right)^2} \tag{6-3}$$

式中：$\bar{y}$ 为 m 个真实数据的平均值。

6.1.4　套变预测模型超参数优化

机器学习算法学得的模型在新数据上要表现良好，不仅要求模型能够学到训练数据中重要信息（模型根据训练数据调整的内部参数科学合理），而且依赖于超参数（模型中需要人为设定的参数）设定。超参数配置不同，模型性能往往有显著差别。模型超参数优化是一个极其繁琐耗时的工作，特别是对于特征维度高、数据量大的数据集。

粒子群算法（particle swarm optimization，PSO）是通过模拟鸟群捕食行为设计的一种种群智能算法，具有收敛速度快、算法参数少等特点。为了缩减优化模型超参数的时间，采用图 6-3 所示的流程进行优化。

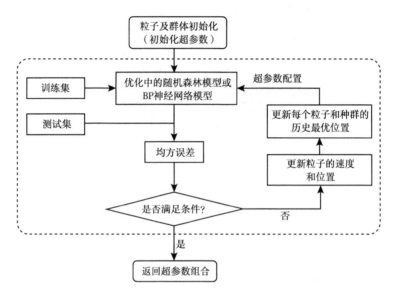

图 6-3　基于粒子群算法的模型超参数优化流程图

将训练数据以 3∶1 的比例随机划分，其中 75%（以下简称训练集）用来训练模型，25%（以下简称验证集）用来检验模型，以均方误差作为预测模型的调参指标。经过 200 次迭代搜索，随机森林模型的均方误差由 38.27 降低至 27.32，降低了 28.61%；BP 神经网络的均方误差由 83.97 降低至 61.61，降低了 26.63%，模型的预测性能得到了大幅度的提升（图 6-4）。最终随机森林模型和 BP 神经网络模型在训练集上的最佳超参数见表 6-2。

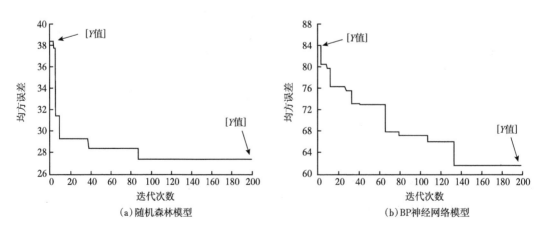

图 6-4　随机森林模型和 BP 神经网络模型超参数优化过程中均方误差变化曲线

表 6-2　随机森林模型和 BP 神经网络模型的超参数优化结果

模型	待优化参数	优化范围	优化结果	均方误差
随机森林	n_estimators	[10, 200]	101	27.32
	max_depth	[2, 12]	10	
	max_features	[1, 7]	6	
	min_samples_split	[2, 10]	2	
	min_samples_leaf	[1, 10]	1	
BP 神经网络	hidden_layer_sizes	[20, 200]	147	61.61
		[20, 200]	76	
		[20, 200]	130	
	max_iter	[50, 300]	197	

以所有的训练数据重新进行套变模型训练,同时将粒子群算法优化出的结果作为模型的超参数取值。最终训练出由粒子群算法优化后的套变智能预测模型,包括粒子群—随机森林模型和粒子群—BP 神经网络模型。

6.1.5　套变预测模型选择

为了评估模型的泛化性能及对比优选出最佳模型,将测试集分别导入粒子群—随机森林模型和粒子群—BP 神经网络模型,并以均方误差和决定系数作为性能度量。实际套变量与模型预测结果按照实际套变量从小到大的规则进行排列,预测曲线如图 6-5 所示。

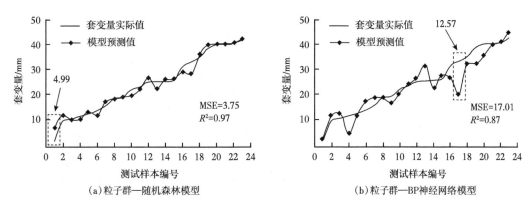

（a）粒子群—随机森林模型　　　　（b）粒子群—BP 神经网络模型

图 6-5　随机森林模型和 BP 神经网络模型的套变量预测拟合曲线

从粒子群—随机森林模型的预测结果可以明显看出,预测点紧密分布在实际值曲线周围（均方误差较低,为 3.75）,并且预测值曲线与实际值曲线的吻合程度很高（决定系数达到了 0.97）。与之对比,粒子群—BP 神经网络模型的预测效果就略逊一筹,不仅预测点比较分散地分布在实际值曲线周围（均方误差较高，为17.01），而且预测值曲线与实际值曲线拟合程度较低（决定系数为0.87）。

经过对比分析可以得出结论：粒子群—随机森林模型对该套变数据的拟合效果最好，能够有效挖掘套变数据信息，达到正确预测的目的。因此，选取粒子群—随机森林模型作为套变智能预测模型。

6.2 套变智能预警软件

从初始的套变数据处理到最终的套变模型选择，套变智能预测方法的操作难度系数高，不利于现场的推广使用。因此，采用 Python 语言开发了套变智能预测软件，以解决构建套变智能预测模型存在的耗费时间长、操作难度大等问题。该软件集成了上述提出的套变智能模型的所有功能，包括数据清洗、数据无量纲化、机器学习算法选择、模型超参数优化和结果分析等功能。

软件主界面如图 6-6 所示，功能包括数据文件导入、文件目录创建等。在软件界面中的输入框里，输入数据文件的路径地址，点击确定按钮后转到下一界面。此外，如果该软件第一次被运行，将会在软件根目录下创建文件夹 Machine Learning Files，用来保存软件操作过程产生的相关数据文件。

图 6-6　主界面

数据清洗界面如图 6-7 所示，功能包括数据信息显示、数据类型转化、无用特征删除、缺失值处理、标签选定等。界面上部的数据清洗操作按钮控制进入数据清洗界面；界面左侧用来展示数据信息，包括数据内存大小、个数、列名等；界面中间的前三个操作按钮用来对右侧的列名进行相应的操作，保存按钮用来保存处理后的数据文件。

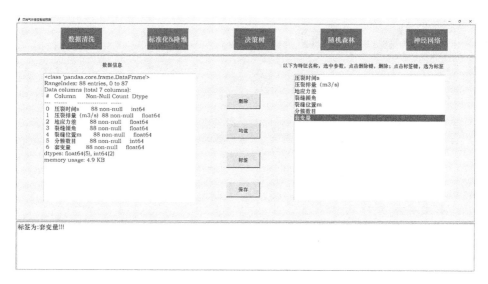

图 6-7　数据清洗界面

数据标准化与特征降维界面如图 6-8 所示，功能包括数据归一化、PCA 降维等。为了解决数据中各特征之间尺度不一致问题，可使用归一化按钮进行最大—最小归一化，或者使用标准化按钮进行标准化。此外，软件提供了 PCA 降维方法对数据进行特征压缩，在右侧的输入框中输入欲降维的维数，点击运行按钮执行降维。

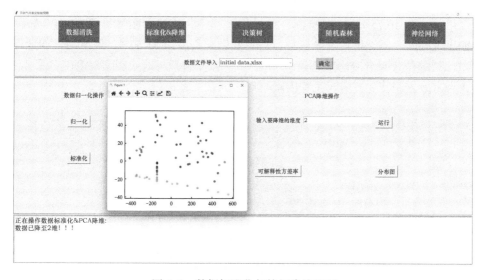

图 6-8　数据标准化与特征降维界面

套变模型建立界面如图 6-9 所示，功能包括模型超参数优化、模型训练、新井数据预测、压裂参数优化等。软件目前提供决策树、随机森林、神经网络三种机器学习算法来建立套变预测模型。界面左边为建模过程中需要的超参数，以及模型建立后进行新井数据套变预测操作，界面右边为模型超参数优化与压裂参数优化操作。若要进行套变模型的超参数优化，需要在左侧对应的超参数输入框中输入 −1，同时需要选中右侧的超参数优化按钮。

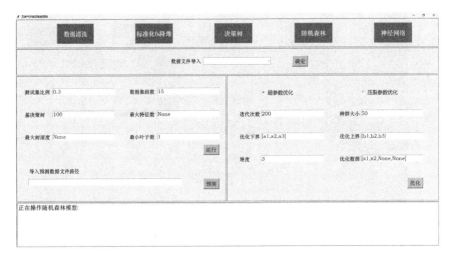

图 6-9　套变模型建立界面

6.3　套变智能预警应用

6.3.1　套变影响因素及规律分析

根据粒子群—随机森林模型，获得套变影响因素的重要程度，如图 6-10 所示。由图 6-10 可知，在众多影响因素中，分簇数目对套变影响程度最高，为 26.12%，裂缝倾角的影响程度最低，为 10.75%。由此推测，在压裂过程中，优化分簇数目可有效控制套变。工程因素如压裂时间、压裂排量、分簇数目对套变影响程度为 51.57%；地质因素如地应力差、裂缝倾角、裂缝位置对套变影响程度为 48.43%。工程因素与地质因素对套变的影响程度相差不大，为有效控制套变，应对工程因素与地质因素二者进行综合考虑。

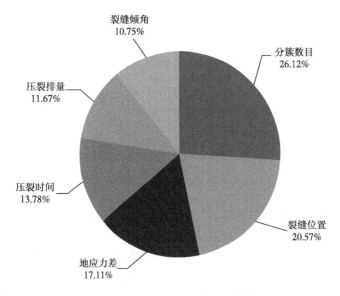

图 6-10　套变影响因素的重要程度

固定其他因素的取值不变，依次选择压裂时间、压裂排量等作为研究参数，逐步改变其取值大小，形成多个工况。将工况标准化处理后，输入粒子群—随机森林模型，输出相应的套变量。

各因素对套变量的影响关系曲线如图 6-11 所示，从各因素对套变量的影响曲线可以看出：

（1）当压裂时间低于 240s 时，随着压裂时间增长，套变量逐渐变大，当压裂时间大于 240s 时，套变量基本不变；

（2）压裂排量对套变的影响较小，只在 0.02m³/s 与 0.11m³/s 时套变量出现小幅度的上升，其后又趋于平稳；

（3）随着分簇数目增加，套变量减小，但超过 5 簇以后，套变量几乎不再变化；

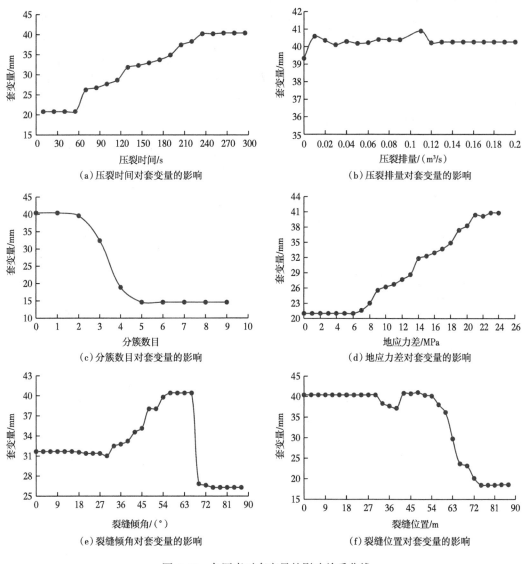

图 6-11　各因素对套变量的影响关系曲线

（4）套变量随着地应力差的增大而增大，特别是在超过 6MPa 后变化显著；

（5）裂缝倾角与套变量的之间具有非线性关系，套变量随着裂缝倾角增加而增加，随后降低，并在 55° 左右达到峰值；

（6）裂缝位置与套变量整体呈负相关关系，裂缝位置越远，套变量越小，但超过 75m 以后，套变量几乎不再变化。

6.3.2 压裂参数智能优化

利用软件可以快速预测不同工况下套变量。对于较大的套变量，利用粒子群—随机森林模型，优化设计压裂参数，实现降低套变量、预防套变的目的。在压裂参数中，分簇数目和压裂时间对套变的影响程度较高，所以选择这两个参数作为优化对象。

分簇数目和压裂时间的优化流程如图 6-12 所示。随机选择一组套变量较大的数据，设置分簇数目优化区间为 [1，10]，压裂时间优化区间为 [1，1000]，经过粒子群—随机森林模型优化，输出使得套变量显著降低的分簇数目和压裂时间。结果显示，当压裂时间由 300 减少至 174、分簇数目由 1 增加至 6 时，能够使套变量由 18.34mm 降低至 3.31mm，套变现象得到有效缓解。在现场应用过程中，收集不同区块的大数据，利用页岩气井套管变形智能预警软件，可以进行套变实时预警和压裂方案智能优化，实现复杂问题辅助决策，节省人力物力，助推安全智能钻完井技术发展。

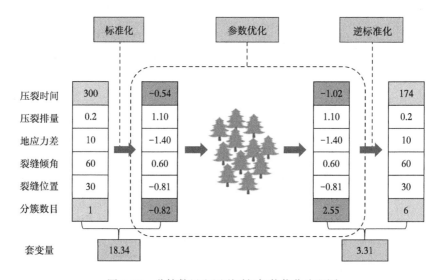

图 6-12　分簇数目和压裂时间智能优化流程图

第7章 固井水泥环完整性评价

高温高压井在钻井、生产过程中，水泥环界面会因压力、温度的剧烈变化发生塑性变形，且残余应变的累积会诱发水泥环界面微间隙的产生，造成水泥环密封完整性失效。为评价水泥环完整性，哈利伯顿公司、斯伦贝谢公司和道达尔公司都开发出了水泥环评价软件，只需确定相应的力学参数即可得出水泥环在井下的工作状态，从而评价水泥环的完整性。

根据国内外油气井现场实际情况，固井水泥环封固失效的主要原因有以下几点：

（1）高渗透的固井水泥浆成为窜流通道。在固井水泥浆凝固过程中气体在水泥浆中窜流，在水泥环内形成无法修复的气窜通道。

（2）钻井过程中射孔可能会造成水泥环结构完整性破坏。射孔所产生的巨大冲击力导致水泥环碎裂，易在水泥环上形成扩散微裂隙。

（3）套管内液柱压力变化造成水泥环封固失效。试压或采气都有可能造成套管内压力发生较大变化，同时固井水泥环在高应力或者高温作用下可能发生塑性形变。若套管内液体压力降低，套管—水泥环会变形不一致，导致套管—水泥环形成微环隙；如果套管内液体压力一直处于高压，一旦固井水泥环塑性变形超过水泥环自身变形极限，固井水泥环力学完整性将会受到破坏。

（4）高温作用下水泥环的强度将会大幅度减弱。在一个轮次蒸汽吞吐后，水泥环强度将会下降80%以上，固井水泥环渗透率也将会急剧上升；由养护后的固井水泥环微观形状也可观察到高温作用后水泥环的完整性遭到破坏。

（5）水泥环被酸性液体腐蚀。若 CO_2、H_2S 等酸性气体与水形成酸液，从而腐蚀水泥环，被酸性液体腐蚀的固井水泥环强度将会严重下降，同时渗透率也会急剧升高。固井水泥环被腐蚀破坏后，井内管柱失去保护屏障，腐蚀形成窜流通道，造成气体泄漏。

7.1 水泥环热—结构耦合模型

为研究温度、压力变化情况下水泥环力学行为，建立了井筒系统热—应力耦合模型，该模型考虑了固井界面的黏结特性和热效应。模型由套管、水泥环和地层组成，沿井筒的轴向位移很小，可以忽略不计。因此，可以简化为平面应变模型。模型中的地层尺寸设定为井筒直径的 10 倍，这个尺寸足以消除边界效应。井眼、套管和水泥环的尺寸根据实际井数据确定。例如，在 W201-H3 页岩井中使用外径为 139.7mm、壁厚为 10.54mm 的生产套管进行固井，井眼直径为 215.9mm。由于其对称性，模拟了四分之一的热—结构耦合模型，带有温度载荷和压力载荷的有限元模型如图 7-1 所示。远场边界的法向位移为零，对称边界上施加了对称约束。在套管内壁施加各种压力，以模拟钻井、压裂和关井等操作。设远场边界的温度将保持为地层初始温度。由于水泥浆凝固过程中的长时间热传导，井筒系统的初始温度大致等于地层的初始温度；在压裂过程中，设套管内壁温度等于压裂液温度。

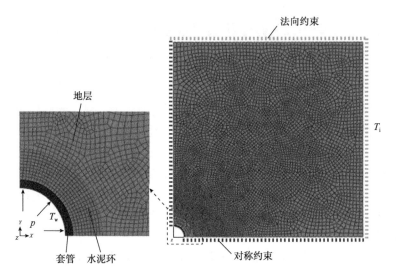

图 7-1 考虑温度载荷和压力载荷的井筒有限元模型

地层、水泥环和套管的材料性能见表 7-1，套管和地层被简化为弹性材料，水泥环为莫尔—库仑准则的弹塑性材料，其内摩擦角为 30°，内聚力为 5.77MPa。表 7-2 列出了套管—水泥环—地层系统的黏结性能。

表 7-1 地层、水泥环和套管的材料性能

参数	数值		
	地层	水泥环	套管
弹性模量 /GPa	30	7	210
泊松比	0.25	0.23	0.30
导热系数 /[W/ (m·K)]	3	2	52
热膨胀系数 / (1/K)	1.15×10^{-6}	1.00×10^{-6}	1.20×10^{-6}
比热容 /[J/ (kg·K)]	1000	1000	434
密度 / (kg/m³)	2000	2500	7800

表 7-2 套管—水泥环—地层体系的黏结性能

参数	数值	
	套管—水泥界面	水泥—地层界面
法向强度 /MPa	0.50	0.42
剪切强度 /MPa	2.00	0.42
黏性刚度 /GPa	30	30
临界能量 / (J/m²)	100	100

通过实验测试了不同套管内压下水泥环中的气窜现象。在实验装置中，内套管和外套管（视为地层）用水泥环胶结，实验参数见表 7-3。本实验主要包括两个步骤：在水泥环的顶部和底部施加一个恒定的压差；改变内套管的内压，检测气窜现象。内压的变化会在水泥环中诱导形成微环隙，而气窜是微环隙的表现。

采用上述的建模方法，建立了相应的有限元模型（图 7-2），采用实验分析结果来验证所提出的数值模型。该模型由内套管、水泥环和外套管组成。

表 7-3　实验参数

参数	数值		
	内套管	水泥环	外套管
弹性模量 /GPa	210.0	13.8	210.0
泊松比	0.30	0.25	0.30
内径 /mm	54.30	63.50	77.39
外径 /mm	63.50	77.39	88.90

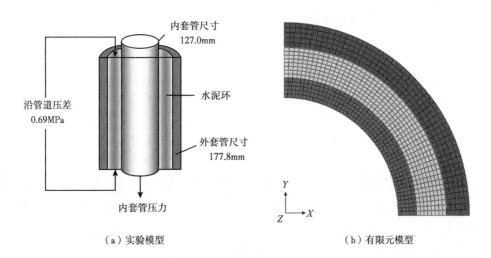

（a）实验模型　　　　　　　　　　（b）有限元模型

图 7-2　有限元模型验证

预测的卸载过程中套管—水泥环界面剥离的演变如图 7-3 所示。套管和水泥环的位移先相同后不同。套管与水泥环之间的位移差异表明发生了固井界面剥离现象。从 55MPa 到 0MPa 的卸载过程中为套管 a、水泥环 a，当压力为 1.38MPa 时固井界面开始剥离。从 69MPa 到 0MPa 的卸载过程中为套管 b、水泥环 b，当压力为 3.45MPa 时固井界面开始剥离。实验发现，两种卸载过程中套管内部气窜压力分别为 1.4MPa 和 3.3MPa（图 7-3 中用箭头标出）。此外，还成功地预测了在相对较小的压力变化范围内，水泥环内没有气体流动的三种情况。模拟结果与实测结果的误差较小，说明预测准确，验证了模型的正确性。

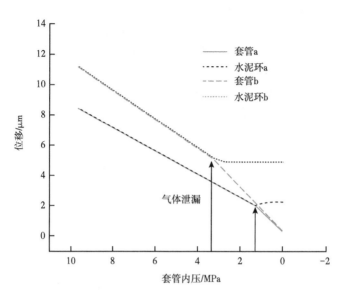

图 7-3　卸载过程中套管—水泥环位移及实测气窜

7.2　水泥环热—结构分析

在某口页岩气井中，初始地层温度和压裂液温度分别为 100℃ 和 30℃，最大套管压力为 120MPa。水力压裂和关井时间分别为 2h 和 1h。注入结束时温度、径向应力和径向位移分布如图 7-4 所示。分析可得，在注入后井筒周围形成了低温区，并随时间增加向远场扩展。径向应力从压应力转变为拉应力，当拉应力超过抗拉强度时，固井界面开始剥离。套管—水泥环界面出现了位移不连续，表明发生了固井界面剥离，并出现了微环隙。

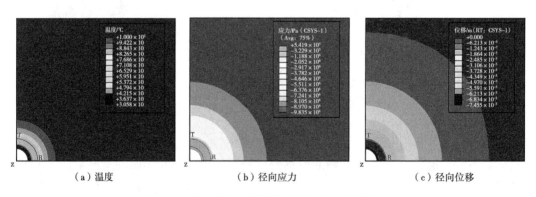

(a) 温度　　　　　　　　　(b) 径向应力　　　　　　　　　(c) 径向位移

图 7-4　注入结束时井筒与地层温度和力学行为

在等温情况下，微环隙依赖水泥环塑性变形，微环隙较小；在非等温情况下，水泥环热收缩负位移几乎抵消了塑性变形正位移，但套管的热收缩引起了较大的微环隙。进一步阐明了热效应是微环隙萌生和大小的主控因素，而压力仅会引起较小的塑性微环隙，为预防微环隙及气窜提供了理论基础。

7.3　预防微环隙的注入工艺

针对压裂过程温度、压力变化大造成固井界面失效的难题，基于井筒热—结构耦合模拟及实验，发现常规做法提高水泥环的抗拉强度不是预防微环隙的有效途径。

由于温度和压力变化是微环隙萌生和扩展的机理，可尝试通过合理设计温度、压力变化范围来消除微环隙。提出了新的注入工艺，主要包括以下步骤：

（1）在注入冷水之前，通过憋压提高套管内压；

（2）注入冷水（持续 110min）；

（3）注入热水（持续 10min，水温 80℃），通过焖井维持压力 60min，使井筒温度升高；

（4）卸载过程中降低套管内压到注入压力的 1/5（24MPa）。

注入工艺流程图如图 7-5 所示。

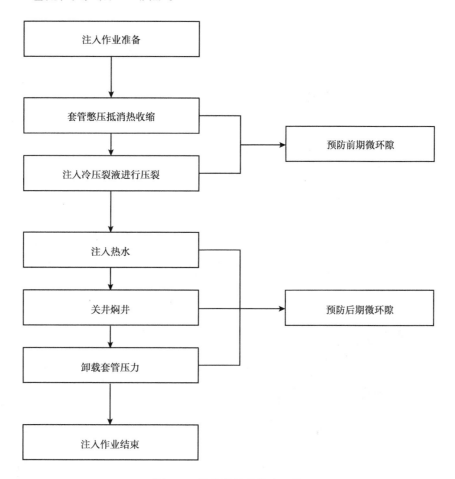

图 7-5　优化设计的注入工艺

在优化设计的注入工艺下，套管与水泥环的径向位移如图 7-6 所示。采用优化设计的注入工艺、适当的温度和压力范围，可以预防压裂和注水作业过程中固井界面产生微环隙。

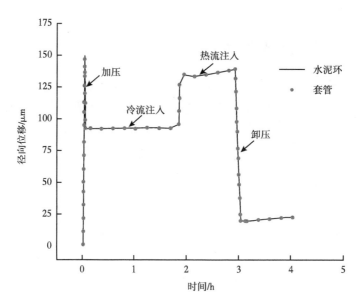

图 7-6   在优化设计的注入工艺下套管与水泥环的径向位移

7.4   水泥环本体力学分析

7.4.1   不同套管内压下水泥环力学行为

为了研究不同套管内压对水泥环本体的影响，保持地层温度为100℃、压裂液温度为30℃，改变套管内压为80MPa、90MPa、100MPa、110MPa、120MPa，分析不同套管内压条件下水泥环本体的力学行为。

当套管内压为80MPa时，水泥环应力和位移分布如图7-7所示。水泥环最大应力为6.44MPa，位于水泥环与套管接触位置，呈现从中心向四周减小的趋势；水泥环最大位移为19.67μm，从中心向四周先减小后增大。

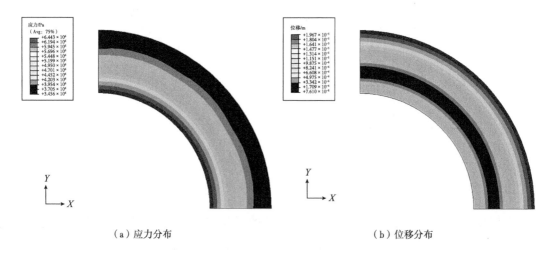

（a）应力分布   （b）位移分布

图 7-7   套管内压为80MPa时水泥环应力与位移云图

当套管内压为 90MPa 时，水泥环应力和位移分布如图 7-8 所示。水泥环最大应力为 8.19MPa，水泥环最大位移为 22.47μm。

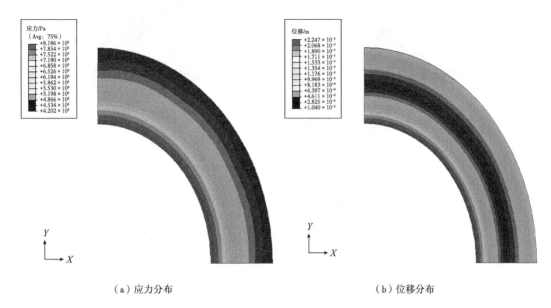

（a）应力分布　　　　　　　　　　　　　　　（b）位移分布

图 7-8　套管内压为 90MPa 时水泥环应力与位移云图

当套管内压为 100MPa 时，水泥环应力和位移分布如图 7-9 所示。水泥环最大应力为 9.94MPa，水泥环最大位移为 32.66μm。

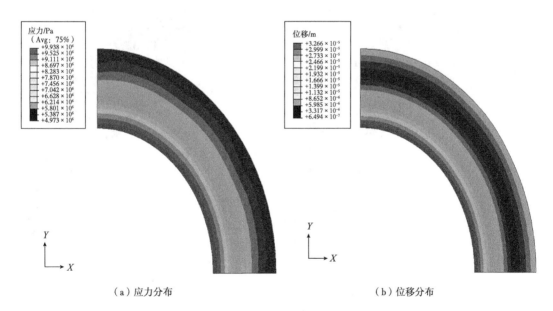

（a）应力分布　　　　　　　　　　　　　　　（b）位移分布

图 7-9　套管内压为 100MPa 时水泥环应力与位移云图

当套管内压为 110MPa 时，水泥环应力和位移分布如图 7-10 所示。水泥环最大应力为 10.48MPa，水泥环最大位移为 43μm。

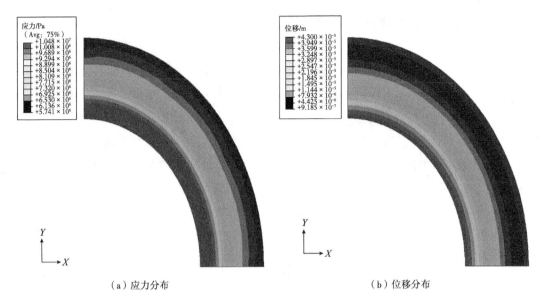

（a）应力分布　　　　　　　　　　　　　　（b）位移分布

图 7-10　套管内压为 110MPa 时水泥环应力与位移云图

当套管内压为 120MPa 时，水泥环应力和位移分布如图 7-11 所示。水泥环最大应力为 11.6MPa，水泥环最大位移为 53.48μm。

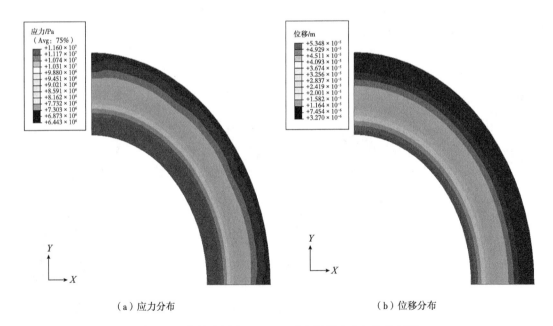

（a）应力分布　　　　　　　　　　　　　　（b）位移分布

图 7-11　套管内压为 120MPa 时水泥环应力与位移云图

不同套管内压下水泥环应力及位移如图 7-12 所示，可知，随着套管内压增加，水泥环的应力和位移逐渐增大。通常情况下，压裂液产生的套管内压不会造成水泥环本体失效。

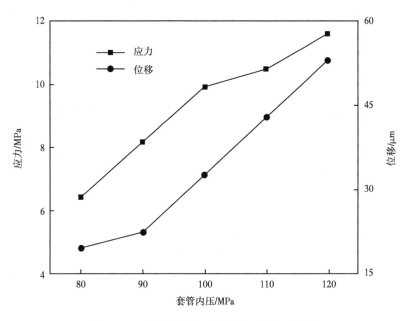

图 7-12　不同套管内压下水泥环应力及位移

7.4.2　不同温差下水泥环力学行为

为了研究不同温差对水泥环本体的影响，保持套管内压为 120MPa、地层温度为 100℃，改变压裂液温度为 20℃、30℃、40℃、50℃、60℃，分析不同温差条件下水泥环本体的力学行为。

当地层与压裂液温差为 40℃ 时，水泥环应力和位移分布如图 7-13 所示。水泥环最大应力为 15.76MPa，位于水泥环与套管接触位置，呈现从中心向四周减小的趋势；水泥环最大位移为 80.08μm，从中心向四周逐渐减小。

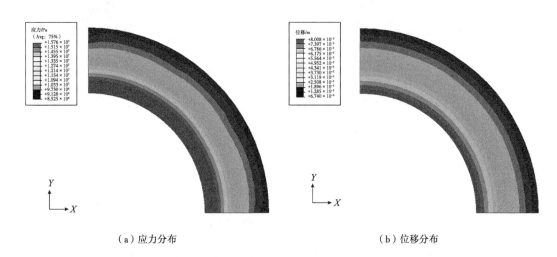

（a）应力分布　　　　　　　　　　　　　（b）位移分布

图 7-13　地层与压裂液温差为 40℃ 时水泥环应力与位移云图

当地层与压裂液温差为 50℃ 时，水泥环应力和位移分布如图 7-14 所示。水泥环最大应力为 14.28MPa，水泥环最大位移为 71.21μm。

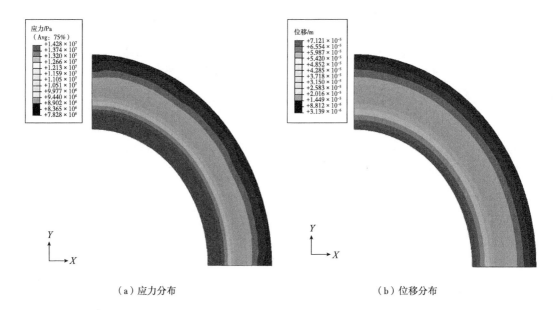

（a）应力分布　　　　　　　　　　　　　　　　（b）位移分布

图 7-14　地层与压裂液温差为 50℃ 时水泥环应力与位移云图

当地层与压裂液温差为 60℃ 时，水泥环应力和位移分布如图 7-15 所示。水泥环最大应力为 12.92MPa，水泥环最大位移为 62.34μm。

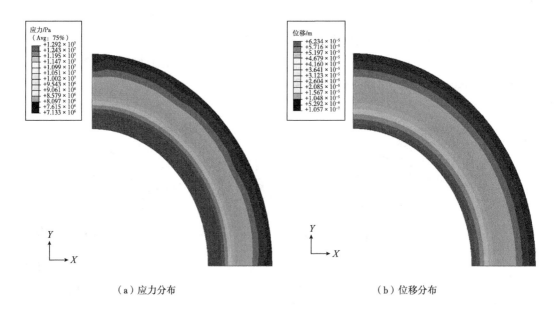

（a）应力分布　　　　　　　　　　　　　　　　（b）位移分布

图 7-15　地层与压裂液温差为 60℃ 时水泥环应力与位移云图

当地层与压裂液温差为 70℃ 时，水泥环应力和位移分布如图 7-16 所示。水泥环最大应力为 11.6MPa，水泥环最大位移为 53.48μm。

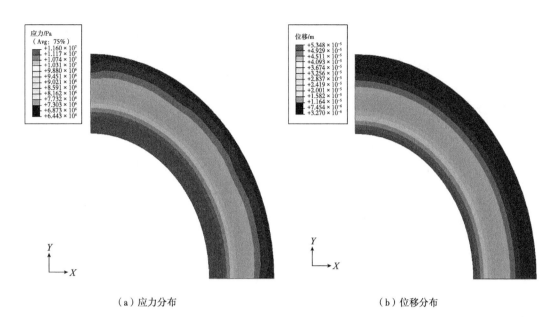

（a）应力分布　　　　　　　　　　　（b）位移分布

图 7-16　地层与压裂液温差为 70℃ 时水泥环应力与位移云图

当地层与压裂液温差为 80℃ 时，水泥环应力和位移分布如图 7-17 所示。水泥环最大应力为 8.95MPa，水泥环最大位移为 35.85μm。

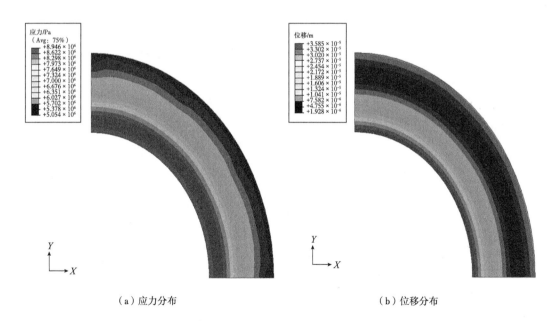

（a）应力分布　　　　　　　　　　　（b）位移分布

图 7-17　地层与压裂液温差为 80℃ 时水泥环应力与位移云图

不同温差下水泥环应力及位移如图 7-18 所示，可知，随着温差增加，水泥环的应力和位移逐渐减少。主要原因是：压力使水泥环向外变形，而压裂液冷却使水泥环向内收缩，最终减小了水泥环的合位移及应力。

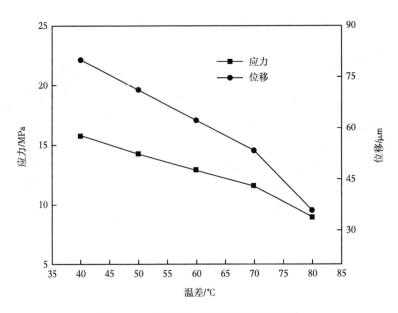

图 7-18 不同温差下水泥环应力及位移

综上，在正常压裂施工参数范围内，体积压裂不会造成水泥环本体失效，但是容易引起固井界面微环隙。建议采取安全注入工艺参数等措施防止井筒密封失效。

第 8 章　柔韧性固井材料实验与模拟分析

对大多数固井水泥材料而言，水泥环自身抵御外力破坏的能力有限，因此，需要在抗窜、韧性、自修复等方面进一步提高水泥环性能。同时，固井前界面处理及井下密封工具等相关固井配套技术也有待完善。

当前国内外对韧性油井水泥的研究主要在原有的油井水泥体系中加入新的添加剂，从而增韧，常用的材料包括纤维、纳米材料和沥青基材料等。改性的目的是改善油井水泥的力学性能，以应对复杂的井下环境和工况。纤维材料（如玻璃纤维、碳纤维等）可以增加水泥的韧性和抗裂性能。纳米材料（如纳米粒子、纳米碳管等）的引入可以改善水泥的强度、黏结性能和耐久性。沥青基材料可以提高水泥的柔韧性和耐温性能。

本章研究改性水泥环的方法和配方，以及探索新型固井材料，通过实验测试固井材料的性质，通过模拟评价它们对井筒完整性的影响。

8.1　柔韧性固井材料制备

制备水泥石的材料主要有：嘉华 G 级水泥（图 8-1）、分散剂、降失水剂、消泡剂、蒸馏水、橡胶、双酚 A 环氧树脂、空心微珠 BR40。

图 8-1　嘉华 G 级水泥

橡胶作为一种高弹性、耐久性好的可回收材料，将其应用于水泥环中能减少环境污染和资源浪费（图 8-2）。橡胶作为改性剂掺入水泥石具有降低失水率、吸收应力，以及提高结构延展性等优点，可显著改善水泥抗裂性能[62]。

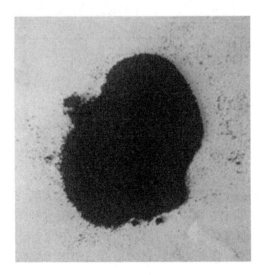

图 8-2　橡胶粉

双酚 A 型环氧树脂是环氧树脂中产量最大、使用最广的一类品种，它具有很高的透明度，是由双酚 A 和环氧氯丙烷在含有氢氧化钠的条件下反应生成的（图 8-3）。双酚 A 型环氧树脂具有热固性，能与多种固化剂、催化剂及添加剂形成多种性能优异的固化物，几乎能满足各种使用要求。双酚 A 型环氧树脂固化时基本上不产生小分子挥发物，可低压成型，能溶于多种溶剂。其固化物有很高的强度和黏结强度、较高的耐腐蚀性、一定的韧性和耐热性[63]。双酚 A 型环氧树脂主要缺点是耐热性和韧性不高。

图 8-3　双酚 A 型环氧树脂

　　空心微珠全称空心玻璃微珠（图 8-4），它的组成物质均为无机材料。其主要化学成分为：二氧化硅、氧化铝、氧化锆、硅酸钠、氧化镁等，其形状呈标准的球形。空心玻璃微珠具有熔点高、抗压强度高、热传导系数及热收缩系数小等优点，是一种优秀的改性材料[164]。

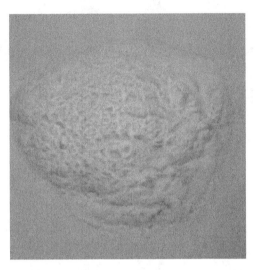

图 8-4　空心玻璃微珠

　　水泥石制备过程中所使用的相关器具及用途见表 8-1，部分器具如图 8-5 至图 8-7 所示。

表 8-1　制备水泥石样品所用器具及用途

器具	用途
电子天平	用于称量水泥、空心微珠、树脂的用量
量筒	用于量取配制水泥石的蒸馏水的体积
正方体塑料模具	水泥浆倒模使用，便于其能够固结成规则形状的水泥石，方便后续的取心工作
润滑油	均匀涂至正方体模具与水泥浆接触表面，方便后续脱模
振动台	去除水泥浆内气泡
抹子刀	用于将混合均匀的水泥浆取出并倒进正方体模具
塑料桶	是制备水泥浆的各种材料混合的容器
烧杯	用于盛装实验材料
搅拌器	用于搅拌使各材料混合均匀

图 8-5　水泥模具

图 8-6　电子天平

图 8-7　振动台

本次实验的水泥浆配比参照了国家标准 GB/T 19139—2012《油井水泥试验方法》。水泥浆各组分的配比如下：嘉华 G 级水泥、2.5% 的降失水剂、0.1% 的消泡剂，分别以不同比例加入橡胶、树脂、空心微珠，加入添加物之后进行充分混合。然后，按照 0.35 的水灰比将蒸馏水加入混合均匀的水泥中，制成最终的水泥浆样品。

水泥浆与水泥石的制备步骤：

（1）准备材料与实验器材：准备实验所需的材料与试剂，包括嘉华 G 级水泥、降失水剂、消泡剂、空心微珠、蒸馏水，以及实验器材。

（2）测量配比：按照实验设计的配比比例，使用电子天平准确测量所需材料的质量。

（3）混合水泥和降失水剂：在已清洁干净的容器中，将嘉华 G 级水泥与指定比例的降失水剂混合。使用搅拌器进行搅拌，充分混合，直到水泥与降失水剂混合均匀。

（4）添加消泡剂：根据实验已设计好的材料配比，向水泥和降失水剂的混合物中添加适量的消泡剂。并再次使用搅拌器充分搅拌混合，确保消泡剂能够均匀地分散在混合物中。

（5）加入空心微珠、橡胶粉、树脂：根据已设计好的比例，将空心微珠、树脂、橡胶加入混合物中。每次加入后都要使用搅拌器进行充分搅拌混合，确保添加物能够均匀地分布在混合物中。

（6）加入蒸馏水：按照 0.35 的水灰比，计算出蒸馏水用量，使用量筒量取适量的蒸馏水，然后将蒸馏水逐渐加入至混合物中，同时使用搅拌器搅拌。在添加蒸馏水的过程中，要注意逐渐加入并充分搅拌混合。

（7）混合均匀：在添加完蒸馏水后，继续使用搅拌器搅拌混合，并用手捏掉较大的水泥颗粒。搅拌均匀后，将塑料桶置于振动筛以 2000r/min 的转速持续振动直至无气泡逸出。确保水泥、添加剂和改性材料均匀分散在蒸馏水中，形成均匀的水泥浆（图 8-8）。

图 8-8　混合均匀后的水泥浆

（8）水泥浆倒模：将润滑油均匀地涂至正方体塑料模具的表面，使用抹子刀将配备好的水泥浆缓慢而均匀地转移至正方体塑料模具中，直到模具充满。而后轻轻敲击模具侧面，使水泥浆充分填充模具并排除可能存在的空隙。最后使用抹子刀平整模具顶部，使其表面平坦（图 8-9）。

（9）养护：将填充好水泥浆的模具放置在室内养护 7d，以确保水泥的硬化和成型。并每间隔 36h 向表面洒上适量的蒸馏水，以防止水泥石表面开裂（图 8-10）。

图 8-9　水泥浆倒模

图 8-10　水泥石制样

8.2　柔韧性固井材料性质测试分析

水泥石的抗压强度是指水泥石样品在垂直压力作用下承受能力的极限，用于评估水泥石的力学性能。抗压强度为水泥石样品最常见的力学性能指标之一。使用应力路径控制大型三轴剪切试验机，在标准条件下对水泥石样品进行垂直加载，直至样品发生物理破坏。在试验过程中，记录压力与变形数据，计算出抗压强度。

三轴试验是通过在岩心的三个不同方向同时施加载荷来模拟实际的应力状态，从而测定岩心在不同方向的力学性质。三轴岩石力学实验系统可以同时施加温度、压力、渗流等不同外部载荷，以模拟地下岩石的真实环境，并对岩石样品进行力学性能测试。通过三轴试验测试水泥石的弹性参数及强度。实验前后的水泥石岩心如图 8-11 所示。

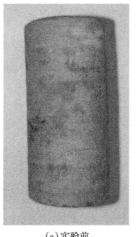

(a)实验前　　　　　(b)实验后

图 8-11　实验前后的水泥石岩心

8.2.1 橡胶改性水泥环

不同橡胶粒径及含量下水泥石抗压强度如图 8-12 所示。可知，改性水泥石的抗压强度均小于纯水泥石的抗压强度，掺入大粒径橡胶的水泥石强度大于掺入小粒径橡胶的水泥石强度。当橡胶粒径相同时，随着橡胶掺量增加，水泥石的抗压强度减小。

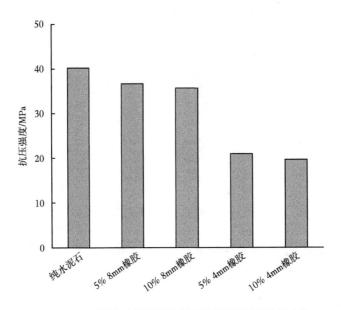

图 8-12　不同橡胶粒径及含量下水泥石抗压强度对比

对橡胶含量为 5% 且粒径为 8mm 的改性水泥石、纯水泥石进行三轴试验，两种水泥石的应力—应变曲线如图 8-13 和图 8-14 所示。

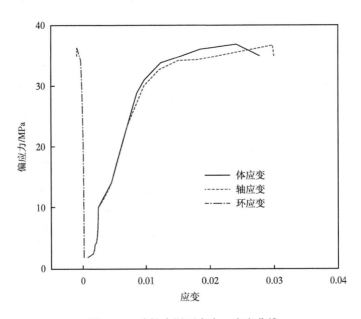

图 8-13　改性水泥石应力—应变曲线

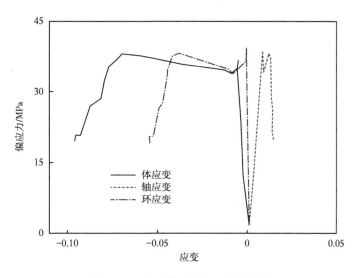

图 8-14 纯水泥石应力—应变曲线

根据应力—应变曲线，计算得到橡胶改性水泥石力学参数，见表 8-2。测定橡胶改性水泥石的弹性模量为 10.53GPa，纯水泥石的弹性模量为 12.34GPa。经过橡胶改性的水泥石的弹性模量相较于纯水泥石降低了 14.67%。

表 8-2 橡胶改性水泥石力学参数

样品类型	弹性模量 /GPa	泊松比
纯水泥石	12.34	0.20
橡胶改性水泥石	10.53	0.22

8.2.2 环氧树脂改性水泥环

不同树脂含量下水泥石抗压强度对比如图 8-15 所示。可知，改性水泥石的抗压强度均大于纯水泥石的抗压强度，随着树脂掺量增加，水泥石的抗压强度增大。

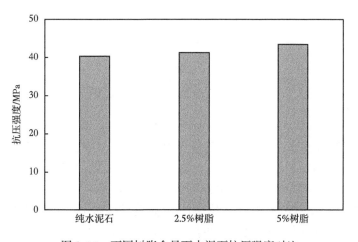

图 8-15 不同树脂含量下水泥石抗压强度对比

对纯水泥石、2.5% 树脂改性水泥石、5% 树脂改性水泥石进行三轴试验，所得应力—应变曲线如图 8-16 至图 8-18 所示。

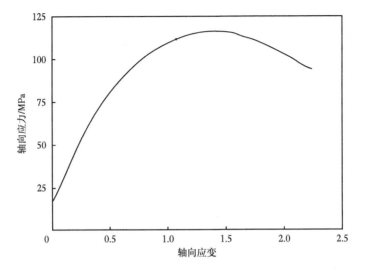

图 8-16　纯水泥石应力—应变曲线

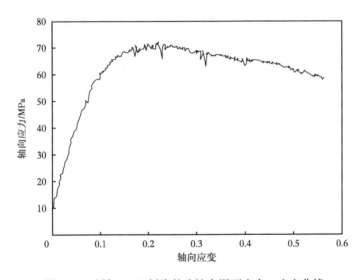

图 8-17　添加 2.5% 树脂的改性水泥石应力—应变曲线

根据应力—应变曲线，计算得到树脂改性水泥石力学参数，见表 8-3。在实验条件下，2.5%、5% 树脂改性水泥石的弹性模量为 12.10GPa、11.72GPa，纯水泥石的弹性模量为 12.45GPa。2.5%、5% 树脂改性水泥石的弹性模量较纯水泥石有所降低，分别降低了 2.81%、5.86%。2.5%、5% 树脂改性水泥石的抗压强度为 41.2MPa、43.4MPa，纯水泥石的抗压强度为 40.2MPa，树脂改性水泥石的抗压强度较纯水泥石有所增加。证明用树脂对水泥石进行改性能提高水泥石的韧性与抗压强度。

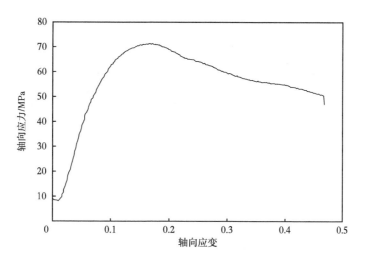

图 8-18　添加 5% 树脂的改性水泥石应力—应变曲线

表 8-3　树脂改性水泥石力学参数

样品类型	弹性模量 /GPa	泊松比	抗压强度 /MPa
纯水泥石	12.45	0.20	40.2
2.5% 树脂改性水泥石	12.10	0.21	41.2
5% 树脂改性水泥石	11.72	0.26	43.4

8.2.3　空心微珠改性水泥环

不同空心微珠含量的改性水泥石的抗压强度对比如图 8-19 所示。可知，随着空心微珠添加量增加，空心微珠改性水泥石的抗压强度先增加后减小。空心微珠添加量为 10% 的水泥石抗压强度提高最为显著，此时改性水泥石的抗压强度为 35.07MPa，抗压强度提高了约 29%。

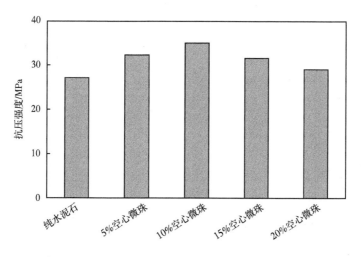

图 8-19　不同空心微珠含量的改性水泥石抗压强度对比

对纯水泥石、10% 空心微珠的改性水泥石、20% 空心微珠的改性水泥石进行三轴试验，所得的应力—应变曲线如图 8-20 至图 8-22 所示。

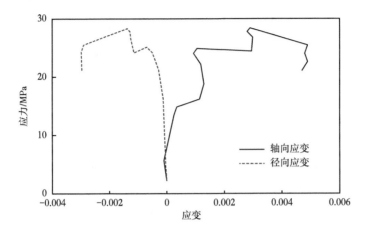

图 8-20　纯水泥石应力—应变曲线

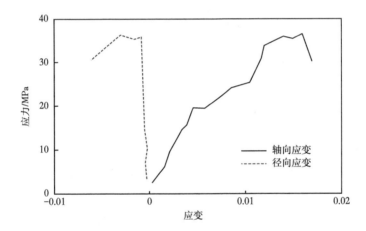

图 8-21　添加 10% 空心微珠的水泥石应力—应变曲线

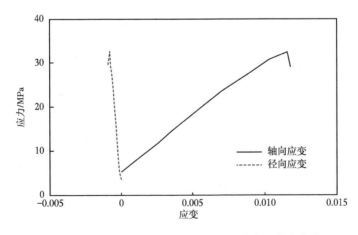

图 8-22　添加 20% 空心微珠的水泥石应力—应变曲线

根据应力—应变曲线，计算得到空心微珠改性水泥石力学参数，见表 8-4。测定 10%、20% 空心微珠改性水泥石的弹性模量分别为 5.18GPa、4.24GPa，纯水泥石的弹性模量为 9.91GPa。随着空心微珠添加量增加，空心微珠改性水泥石的弹性模量先减小后增加。证明用适量的空心微珠对水泥石进行改性能提高水泥石的韧性与抗压强度。

表 8-4 空心微珠改性水泥石力学参数

样品类型	弹性模量 /GPa	泊松比	抗压强度 /MPa
纯水泥石	9.91	0.26	27.19
10% 空心微珠改性水泥石	4.24	0.11	35.07
20% 空心微珠改性水泥石	5.18	0.13	29.05

8.3 柔韧性固井材料模拟分析

8.3.1 离散元模拟

基于离散元法，建立掺杂空心球水泥环离散元模型，分析了空心球破碎形态和保护效果。采用离散元法具有较大的优势，该方法能从微观角度分析颗粒之间的相互作用关系，既可以准确地描述空心球本身的破碎过程和与水泥颗粒的相互作用，又可以分析这些微观作用下材料宏观力学性能变化，即水泥环的应力—应变关系等。水泥环是一种典型的散体介质，就目前而言散体力学的研究有两种途径：一种是沿用传统的连续介质力学方法，另一种是把整个介质看作由一系列离散的独立运动的粒子（单元）所组成的离散单元法。将水泥环看作是连续介质进行研究的方法不利于认识散体力学现象的相关机理。而离散单元法是在颗粒尺度上考察各种量的变化，能够更好地反映一些过程的本质，研究实践表明离散单元法是散体力学分析的一种有效工具。因此，采用离散单元法模拟分析掺杂空心球水泥环。

为了节约计算资源，简化为二维模型。在水泥环上方施加位移载荷，模拟剪切滑移或非均匀外挤作用。掺杂空心球水泥环的颗粒接触模型选取平行黏结模型，黏结破坏以后，颗粒之间不再黏结。水泥环体系包含水泥颗粒、空心球，且两者之间的胶结接触参数采用水泥间的接触参数。水泥环体系的颗粒均采用圆形颗粒表示，不同颗粒具有不同的属性。

根据长宁—威远页岩气井的井身结构，水平段井眼直径为 215.9mm，生产套管外径为 139.7mm，水泥环壁厚为 38.1mm。模型中水泥环的长度取 20mm，从而控制模型的颗粒数量，提高计算速度。模型左右边界为定压边界，上边界为地层位移载荷，下边界固定。图 8-23 空心球随机分布于水泥环中，空心球由一些更小粒径的颗粒黏结环绕组成。建立掺杂空心球水泥环离散元模型，如图 8-23 所示。

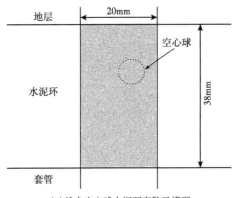

(a)掺杂空心球水泥环离散元模型

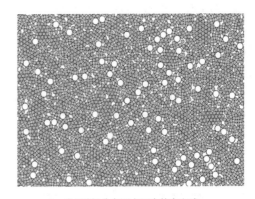

(b)随机分布于水泥中的空心球

图 8-23　掺杂空心球的水泥环离散元模型和水泥中的空心球

掺杂空心球水泥环离散元模型的微观参数见表 8-5。

表 8-5　掺杂空心球水泥环离散元模型的微观参数

水泥参数	取值	空心球参数	取值
水泥颗粒密度 /（kg/m³）	3150	空心球粒密度 /（kg/m³）	525
颗粒半径 /μm	15	颗粒半径 /μm	30
线性接触有效模量 /GPa	0.5	线性接触有效模量 /GPa	0.81
平行黏结有效模量 /GPa	0.5	平行黏结有效模量 /GPa	0.81
刚度比	1.0	刚度比	1.0
摩擦系数	0.2	摩擦系数	0.557
抗拉强度 /MPa	6	抗拉强度 /MPa	8.2
黏聚力 /MPa	26.7	黏聚力 /MPa	30
内摩擦角 /（°）	17.797	内摩擦角 /（°）	30

设水泥环中空心球含量为 10%，向水泥环施加 30MPa 的围压，施加地层滑移量为 20mm，对掺杂空心球水泥环破碎形态进行模拟。

施加 30MPa 围压后水泥环几何形态如图 8-24 所示，可知，掺杂空心球水泥环由于受到围压的作用，部分空心球已经破碎，其破碎率为 5%~10%。在围压的作用下，空心球受到水泥颗粒和邻近空心球的挤压作用，处于受压状态。空心球的破碎形态呈多段条状。

在地层滑移量分别为 5mm、10mm、15mm、20mm 时掺杂空心球水泥环的破碎形态如图 8-25 所示。当地层滑移 5mm 时，所有的空心球都已经发生了不同程度的变形，包含：弹塑性变形未破碎的空心球、破碎未压实的空心球、破碎已压实的空心球。弹塑性变形未破碎的空心球多呈现椭圆等不规则圆状。破碎的空心球已经失去了原有的支撑作用，给地层滑移腾出了一定的空间。当地层从 5mm 向下滑移至 10mm 时，这个阶段由于水泥环中仍然存在大量未破碎的空心球，因此滑移继续进行的时候，更多的空心球破碎，且进一步压实。当地层从 10mm 向下滑移至 15mm 时，在这个阶段末尾空心球基本均破碎、压实。

可以推测若地层继续向下滑移，掺杂空心球的水泥环只有压实作用。当地层滑移 20mm 时，掺杂空心球的水泥环被完全压实，且由于定围压边界的限制，水泥环表现为轴向压缩、横向延伸的特点[165]。

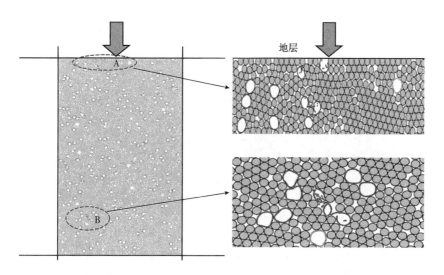

图 8-24　施加 30MPa 围压后掺杂空心球水泥环的破碎形态

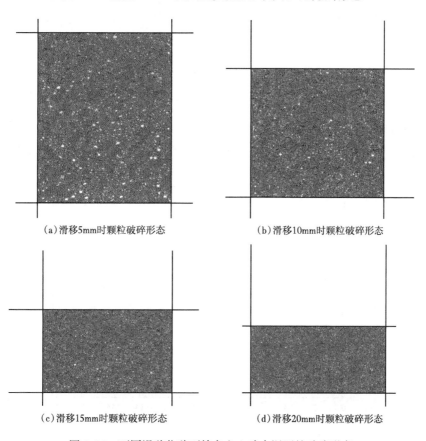

（a）滑移5mm时颗粒破碎形态　　　　　　　（b）滑移10mm时颗粒破碎形态

（c）滑移15mm时颗粒破碎形态　　　　　　　（d）滑移20mm时颗粒破碎形态

图 8-25　不同滑移位移下掺杂空心球水泥环的破碎形态

当地层向下滑移 20mm 时，压缩破损颗粒分块分布如图 8-26（a）所示，水泥环被压缩以后主要以块体和分散体两种形式存在，浅蓝色分散体分布于整个凝固水泥石当中，彩色块体成一定规模和明显的形状分布于凝固水泥石当中。图 8-26（b）表示的是压缩破损颗粒黏结分布状态，灰色代表颗粒之间的黏结已经断开，蓝色代表颗粒之间的黏结依然存在。从现场水泥环局部破碎情况也可以看出，水泥的破碎形态主要有凝聚的块体状和失去黏结的散体状。

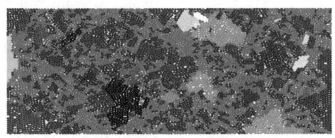

(a) 压缩破损颗粒分块分布图

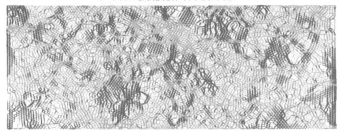

(b) 压缩破损颗粒黏结分布图

图 8-26　当地层向下滑移 20mm 时掺杂空心球水泥环的破碎形态

掺杂空心球水泥环加载位移—应力曲线如图 8-27 所示。可以看出，掺杂空心球水泥环在加载过程中发生了一系列的变形，大致可以分为四个阶段：弹性变形阶段、大孔隙坍

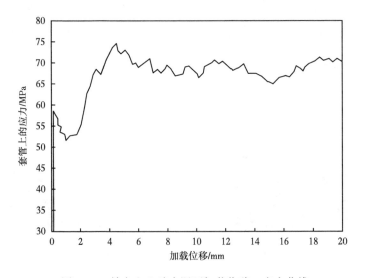

图 8-27　掺杂空心球水泥环加载位移—应力曲线

塌压实阶段、空心球破碎阶段、密实化阶段。在弹性变形阶段，主要是水泥环及空心球的弹性变形。在大孔隙坍塌压实阶段，由于受到围压的作用，部分空心球发生破碎，进而形成大孔隙，该阶段水泥环受到压力的作用，大孔隙首先被破坏，发生坍塌，导致应力急剧下降，当大孔隙坍塌被压实以后应力又开始上升。在空心球破碎阶段，发生破坏的主要是空心球，开始时空心球发生不同程度的变形，随着压应力的增大，圆孔结构的空心球壁被压垮并发生坍塌导致应力下降。随着位移变化，变形与失稳坍塌过程向材料内部传递，呈分层变形和失稳坍塌过程，因此加载位移—应力曲线中出现明显的锯齿状应力抖动现象。在密实化阶段，空心球圆孔结构被完全破坏，被压实为较密实的小块和粉末堆积结构。

空心球破碎保护套管的作用机理：掺杂空心球水泥环通过空心球的破碎降低应力，进而使传递到套管上的应力降低。为了评价掺杂不同含量空心球的水泥环对套管的保护效果，在离散元模型的基础上，通过改变模型中空心球含量，分别从颗粒接触力、套管受到应力两个方面来分析空心球含量 0、10%、20%、30% 四种水泥环对套管的保护效果。图 8-28 为掺杂不同含量空心球水泥环颗粒间的接触力云图，当空心球含量为 0 时，颗粒间的最大接触力为 86.47kN。随着空心球含量以 10% 的梯度增加，颗粒间的接触力依次为 64.65kN、51.44kN 和 50.19kN。可以看出，随着空心球含量的增加，颗粒间的接触力逐渐降低，这是因为随着空心球颗粒含量的增加，颗粒破碎腾出的空间和释放的应力也越多，颗粒间的接触力降低。

掺杂空心球水泥环在受到地层滑移作用时，空心球以破碎坍塌的方式来降低应力，进而使传递到套管上的应力减小。这与不含空心球的水泥环不同，不含空心球的水泥环只有被压实破坏的过程，传递到套管上的力很大。图 8-29 是掺杂不同含量空心球的水泥环加载位移—应力曲线，可以看出，混合了空心球降低了水泥环的强度和刚度，反映了空心球的掺入能降低传递到套管上的应力。当空心球含量为 0 时，传递到套管上的最大应力为 123.81MPa。当空心球含量为 10 时，传递到套管上的最大应力为 74.72MPa。当空心球含量为 20%、30% 时，传递到套管上的最大应力分别为 68.05MPa、65.04MPa。随着空心球含量增加，套管处受到的载荷减小。

考虑空心球对套管的保护作用和固井质量，建议空心球含量为 20% 左右。掺杂空心球降低了水泥环的强度和刚度，以及空心球破碎和压实腾出地层滑移缓冲空间，掺杂空心球水泥环降低传递到套管上的应力，起到减缓套变、保护套管的作用。

为了评价掺杂不同强度空心球的水泥环对套管的保护效果，在离散元模型的基础上，通过改变模型中空心球的强度，从颗粒的接触力、套管受到的应力两个方面来分析空心球强度为 80MPa、100MPa 水泥环对套管的保护效果。图 8-30 为掺杂不同强度空心球水泥环的颗粒接触力云图。当空心球强度为 80MPa 时，颗粒间的最大接触力为 51.44kN。当空心球强度为 100MPa 时，颗粒间的最大接触力为 65.92kN。可以看出，随着空心球强度的增加，颗粒间的接触力增加，这是因为空心球强度增大后，越不容易破碎，导致颗粒间的相互作用更加紧密。

图 8-31 为掺杂不同强度的空心球水泥环加载位移—应力关系曲线。当空心球强度为 80MPa 时，传递到套管上的最大应力为 68.05MPa。当空心球强度为 100MPa 时，传递到套管上的最大应力为 71.25MPa。在含量相同的情况下，增加空心球的强度会使得水泥环的空心球破碎阶段延长。这是因为空心球的强度增大，其破碎的要求也就被提高了，空心

球强度大的水泥环所剩余的空心球更多。增大空心球的强度，传递到套管上的应力会增加。所以选择强度适中的空心球对套管的保护作用有着重要的意义。

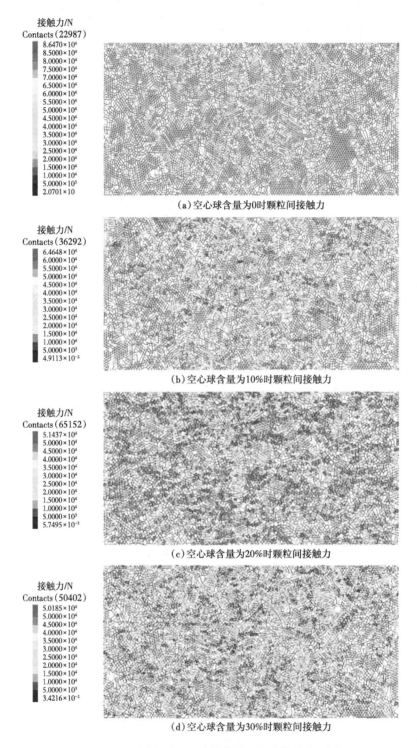

图 8-28　不同含量空心球的水泥环颗粒接触力云图

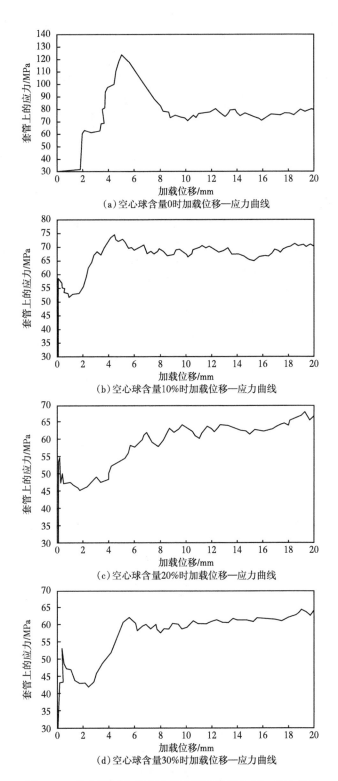

图 8-29　掺杂不同含量空心球水泥环加载位移—应力曲线

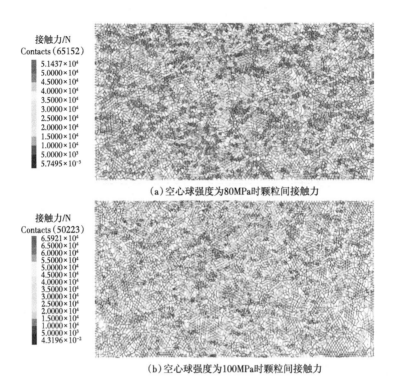

（a）空心球强度为80MPa时颗粒间接触力

（b）空心球强度为100MPa时颗粒间接触力

图 8-30　不同强度空心球的水泥环颗粒接触力云图

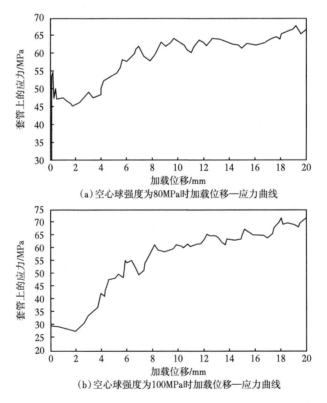

（a）空心球强度为80MPa时加载位移—应力曲线

（b）空心球强度为100MPa时加载位移—应力曲线

图 8-31　掺杂不同强度空心球水泥环套管加载位移—应力曲线

8.3.2　有限元模拟

通过有限元软件建立了页岩气水平井部分井段的井筒三维数值模型，分析了地层挤压、断层滑移剪切作用下套管的变形特征，评估了橡胶、改性水泥环等新型固井材料减缓套管变形的效果。

由于压裂过程地层压力增大、岩石破碎剪胀作用、页岩吸水膨胀、微地震时地层运动等因素激发页岩层移动导致生产套管变形的情况较多，根据页岩气水平井常用地质工程参数建立了生产套管—水泥环—地层固井模型。依据圣维南原理，为了消除地层边界条件对井筒力学行为的影响，地层尺寸不能低于井眼半径的 5 倍，并考虑到模型的对称特性及减小计算量，建立了长宽高为 6m×3m×6m 的二分之一模型，具体如图 8-32 所示。模型共分为 4 部分：常规页岩、中间移动页岩、生产套管、固井环空材料。其中模拟水平段井筒长6m，井眼直径为 215.9mm，套管外径为 139.7mm，壁厚为 12.7mm，套管均选用 P110 钢级，屈服强度为 758MPa。在材料的屈服准则方面，套管采用 Von Mises 准则，水泥环和地层选用 Mohr-Coulomb 准则。

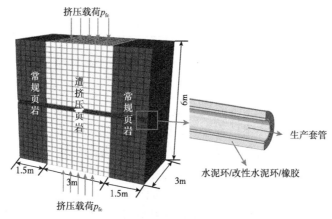

（a）地层挤压套管的力学模型

（b）断层剪切套管的力学模型

图 8-32　页岩气水平井筒力学模型

为了模拟地层变形对套管的挤压过程，在中部页岩的上顶面和下底面均施加 95MPa 的载荷，地层挤压套管的力学模型如图 8-32（a）所示。为了模拟断层滑移剪切套管的过程，对滑动部分的地层施加了 40mm 的滑移距离，其余部分地层保持固定，断层滑移剪切套管的力学模型如图 8-32（b）所示。

为了模拟模型受到了周围地层约束的影响，在模型的二分之一剖面上施加对称约束，其余表面则施加法向约束。考虑在外载荷作用下模型各部分表面会发生相互作用，在套管、水泥环及地层之间设置了表面接触关系，摩擦系数统一定为 0.3。

模型所用材料的力学参数见表 8-6。由于压裂引起的井周岩石破碎会使原有地应力场重新分布、不均匀性增加，反复的应力加载也会导致地层强度疲劳破坏，因此，将中间移动页岩的弹性模量设为 2.5GPa。

表 8-6　套管、水泥环及地层的力学参数

材料名称	弹性模量 /GPa	泊松比	黏聚力 /MPa	内摩擦角 /（°）	屈服强度 /MPa
页岩	20.0	0.24	16.61	32.76	—
破碎页岩	2.5	0.24	16.61	32.76	—
套管	210.0	0.30	—	—	758
水泥环	7.0	0.23	9.00	24.00	—
改性水泥环	1.0	0.23	9.00	24.00	—

固井段建立的水泥环层间封隔能使水泥环—套管—地层之间具备足够的密封能力，在井筒的整个生命周期内支撑和保护着套管，因此，水泥环的密封完整性对于套管是否发生变形也起着决定性的作用。而常规水泥环脆性大，变形能力差，受到外力冲击时易发生破坏。为了从根本上减轻压裂增产等其他作业过程对水泥环相关性能的破坏，需要增加水泥环的韧性，通过降低水泥环弹性模量来提高水泥环的抗冲击性和密封完整性，起到一定的预防效果。因此在模型中将改性水泥环的弹性模量取值为 1GPa，来模拟分析该固井环空材料下套管的变形特征，而泊松比、内摩擦角等其他性能参数变化较小，不进行考虑。目前国内外常用的增韧材料包括纤维、橡胶粉、胶乳、PVA 粉末、沥青、树脂类等。

橡胶作为一种超弹性聚合物材料，其具有可逆形变性，在很小的外力作用下能产生较大形变，且除去外力后能恢复原状。与常规固井水泥环相比，橡胶可以极好地抵抗外加载荷对生产套管的挤压剪切作用。选用橡胶材料中最常见的 Mooney-Rivlin 模型作为本构模型，该模型几乎可以模拟所有橡胶材料的力学行为，适用于中小变形情况。为了研究橡胶在发生小变形时的变形情况，笔者选择了 Mooney-Rivlin 模型，利用确定的相关系数 C_{10}、C_{01}、D_1 来定义橡胶材料，再通过有限元软件模拟，可以观察到橡胶受力时位移和应力云图。

Mooney-Rivlin 两参数本构模型：

$$U = C_{10}\left(\overline{I}_1 - 3\right) + C_{01}\left(\overline{I}_2 - 3\right) + \frac{1}{D_1}\left(J^{\text{el}} - 1\right)^2 \tag{8-1}$$

式中: U 为应变能; C_{10}, C_{01} 为 Mooney-Rivlin 模型的橡胶力学特性系数; D_1 为 Mooney-Rivlin 模型材料常数; I_1, I_2 为基本应变不变量; J^{el} 为弹性变形梯度的行列式。

经地层挤压作用后, 页岩地层位移云图如图 8-33 所示, 由图 8-33 分析可知, 在页岩顶、底面的载荷作用下, 中部页岩向井筒方向产生明显位移, 随着挤压载荷由地层顶底边界向井筒扩散, 地层位移逐渐减小。

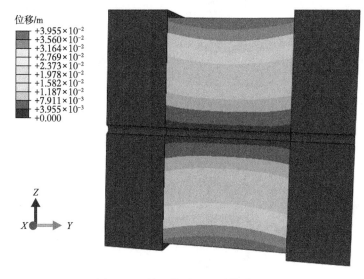

图 8-33 挤压作用下地层位移云图

在地层挤压作用下, 不同环空材料固井时套管的应力云图如图 8-34 所示。由图 8-34 可知, 当使用常规水泥环和改性水泥环固井时, 挤压载荷加载区域的套管中间部分出现了应力集中的现象, Mises 应力达到了套管的屈服强度 758MPa。然而, 当使用橡胶替代水泥环固井时, 套管最大 Mises 应力仅为 0.018MPa, 套管不会屈服破坏。

在地层挤压作用下, 不同环空材料固井时套管的位移云图如图 8-35 所示。由图 8-35 可知, 当使用常规水泥环固井时, 最大位移 5.692mm 出现在受挤压的中部地层套管顶底面上; 而套管两端的受力和位移均比中部的要小得多; 使用改性水泥环固井套管的最大位移量为 5.421mm, 相较于常规水泥环固井减少了约 9.5%; 当使用橡胶替代水泥环固井时, 套管未发生明显挤压变形, 最大位移量仅 0.86mm, 相较于常规水泥环固井减小了 85.9%, 效果显著。

为了研究套管在地层挤压作用下套管内径的具体变化情况, 进行数据处理得到了各环空材料固井后套管内径沿轴向变化曲线, 如图 8-36 所示。由图 8-36 可知, 当使用常规水泥环固井时, 距离遭挤压地层较远的套管两端处内径基本保持不变, 而位于挤压地层区域的套管内径缩小严重, 最小值为 102.921mm, 相较于套管原始内径减小 11.38mm(减小比率为 9.96%)。当使用改性水泥环固井时, 套管内径沿轴向变化曲线特征与使用常规水泥环固井时一致, 生产套管内径最小值为 103.481mm, 相较于套管原始内径减小 10.82mm(减小比率为 9.46%)。而使用橡胶替代水泥环固井后的生产套管内径几乎没有变化, 呈直线状, 最小值为 114.275mm, 套管内径仅缩小了 0.025mm(减小比率为 0.02%)。

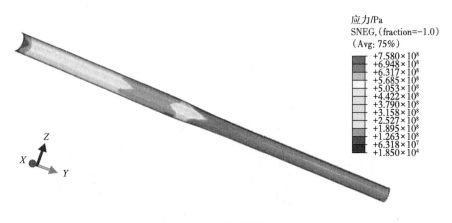

(a) 常规水泥环固井时套管应力云图

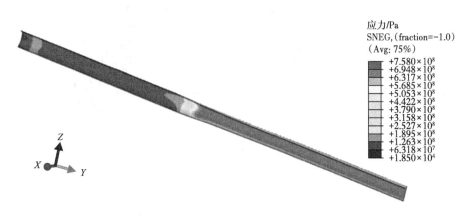

(b) 改性水泥环固井时套管应力云图

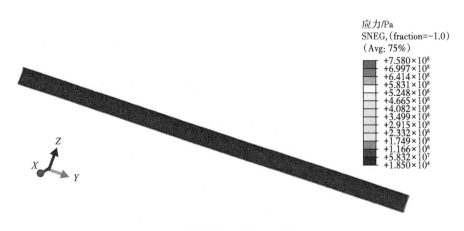

(c) 橡胶固井时套管应力云图

图 8-34　不同环空材料固井时套管应力云图

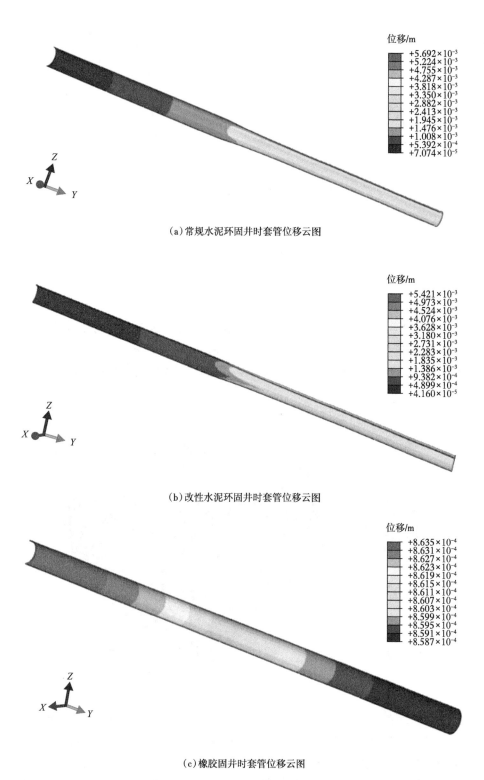

（a）常规水泥环固井时套管位移云图

（b）改性水泥环固井时套管位移云图

（c）橡胶固井时套管位移云图

图 8-35　不同环空材料固井时套管位移云图

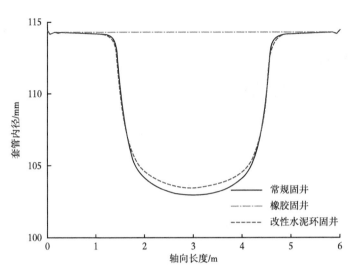

图 8-36　不同环空材料固井时套管内径沿轴向变化曲线图

在断层剪切滑移 40mm 作用下，页岩地层位移云图如图 8-37 所示，由图 8-37 分析可知，滑移板块相对于固定地层产生了明显的位移，但最大位移 44.87mm 处并不在地层单元上，说明井筒受地层滑动的影响发生了位移，此外可以看到固定部分地层在摩擦力的作用下也产生了一定的位移。

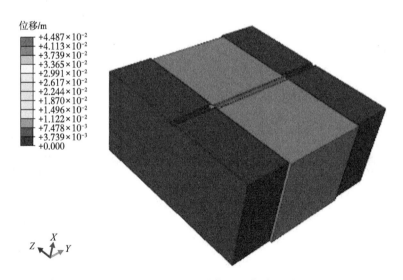

图 8-37　地层经滑移作用后位移云图

在断层剪切滑移 40mm 作用下，不同环空材料固井时套管的应力云图如图 8-38 所示。由图 8-38 可知，当使用常规水泥环和改性水泥环固井时，处于滑移面附近的生产套管部分出现了应力集中的现象，Mises 应力达到了套管的屈服强度 758MPa；距离滑移面较远的生产套管则受力较小。然而，当使用橡胶替代水泥环固井时，套管最大 Mises 应力仅为95.8MPa，套管不会屈服破坏。

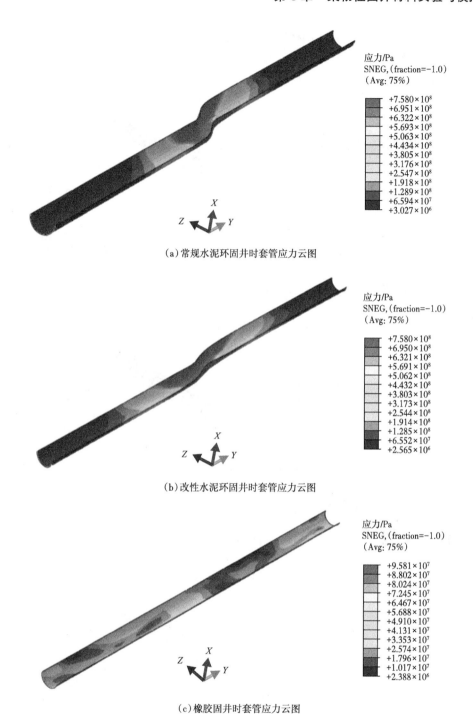

图 8-38　不同环空材料固井时套管应力云图

　　在断层剪切滑移 40mm 作用下，不同环空材料固井时套管的位移云图如图 8-39 所示。由图 8-39 可知，当使用常规水泥环固井时，生产套管在滑移面处产生了较为强烈的 S 形剪切变形，且位于滑移地层部分的生产套管均发生大幅度位移，约为 40mm，而固定地层部分的生产套管无明显位移产生。使用改性水泥环固井的生产套管与常规水泥环变形特征一致，无较大区别。然而，当使用橡胶替代水泥环固井时，生产套管在滑移面处未出现 S 形剪切，套管整体也未发生明显变形，其最大位移量仅 5.525mm，与使用常规水泥环的套管相比减小了 85.1%。

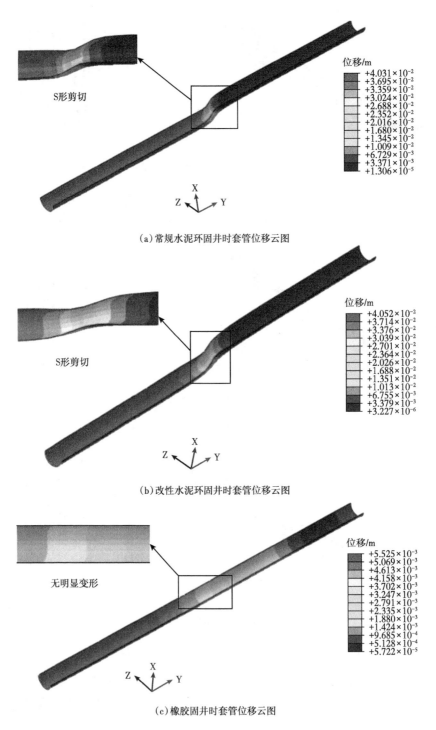

（a）常规水泥环固井时套管位移云图

（b）改性水泥环固井时套管位移云图

（c）橡胶固井时套管位移云图

图 8-39　不同环空材料固井时套管位移云图

在剪切作用下各环空材料固井时，套管的内径沿轴向变化曲线如图 8-40 所示。由图 8-40 观察可得，常规水泥环固井时生产套管距离滑移面较远的前、后部分内径基本保持不变，而靠近滑移面附近的内径变化严重。其中变化最剧烈的位置出现在两个滑移界面处，当滑移界面垂直于套管且滑移距离为 40mm 时，断层滑移后生产套管内径最小值为 81.939mm，相比套管原始内径减小 32.36mm（减小比率为 28.3%）。使用改性水泥环固井的套管内径沿轴向变化曲线特征与常规水泥环固井一致，生产套管内径最小值为 84.223mm，相比套管原始内径减小 30.07mm（减小比率为 26.3%）。使用橡胶替代水泥环固井后的生产套管内径没有剧烈的变化呈直线状，最小值为 114.129mm，相比套管原始内径仅减小 0.16mm（减小比率为 0.14%）。

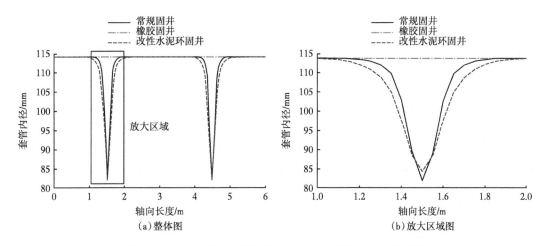

图 8-40　不同环空材料固井时套管内径沿轴向变化曲线图

综上，通过不同环空材料固井时套管变形对比分析，常规固井方法下，位于挤压地层处的套管易发生挤压变形，位于滑移面附近的套管易发生剪切变形，且套管内径缩小比例都较大，可能导致后续桥塞、射孔枪、磨鞋等工具无法正常下入。在使用改性水泥环固井后，对套管内径的缩小情况能起到一定的缓解作用，但效果并不明显，仍易对现场生产造成阻碍。而使用橡胶替代水泥环固井对套管变形有极大的缓解作用，能够显著降低地层挤压、断层滑移等极端情况对套管造成的影响，提高了页岩气井套管完整性。

第 9 章 环空带压预测与控制方法

在页岩气井、高温高压井、深水油气井等中，环空温度升高或流体增加通常会引起较大的环空压力增大，称为环空带压、持续环空压力（sustained casing pressure，SCP）或环空增压（annular pressure buildup，APB）。目前，对于环空带压的预测多运用计算法、有限元法和实验法进行研究；环空带压的控制方法主要是做好严格的预防措施，如保障油套管柱的密封，提高固井质量，安装破裂盘等。本章对环空带压进行预测，并探讨环空带压的控制方法，进一步对破裂盘和螺纹等进行模拟分析。

9.1 环空带压预测

钻井、完井、生产等不同工况转变会引起井筒温度变化，环空体积或流体体积也可能改变，进而造成环空带压。首先需要对环空带压进行预测，才能发现温度、压力变化规律和指导控制方法。考虑井筒温度分布、热弹性变形、流体热力学参数等因素，建立了水平井生产套管的环空带压预测模型。

环空压力是关于环空温度、体积和流体质量的函数：

$$p = p(T, V_{\text{ann}}, m) \tag{9-1}$$

对其求偏微分：

$$\Delta p = \left\{ \frac{\partial p}{\partial T} \right\} \Delta T + \left\{ \frac{\partial p}{\partial V_{\text{ann}}} \right\} \Delta V_{\text{ann}} + \left\{ \frac{\partial p}{\partial m} \right\} \Delta m \tag{9-2}$$

热膨胀系数是单位温度变化时引起物体单位体积的变化量：

$$\alpha_1 = \frac{\Delta V}{V \cdot \Delta T} \tag{9-3}$$

压缩系数是单位压力变化时引起物体单位体积的变化量：

$$\kappa_{\text{T}} = \frac{\Delta V}{V \cdot \Delta p} \tag{9-4}$$

综上得到环空压力变化量即环空带压的表达式[1]：

$$\Delta p = \frac{\alpha_1}{\kappa_{\text{T}}} \cdot \Delta T - \frac{1}{\kappa_{\text{T}} \cdot V_{\text{ann}}} \cdot \Delta V_{\text{ann}} + \frac{1}{\kappa_{\text{T}} \cdot V_1} \Delta V_1 \tag{9-5}$$

式中:p 为环空压力，MPa;Δp 为环空压力变化量，MPa;T 为温度，K;ΔT 为温度变化量，K;m 为环空流体质量，kg;Δm 为环空流体质量变化量，kg;V 为体积，m^3;ΔV 为体积变化量，m^3;V_{ann} 为环空体积，m^3;ΔV_{ann} 为环空体积变化量，m^3;V_1 为环空流体体积，m^3;ΔV_1 为环空流体的流入或流出体积，m^3;α_1 为流体热膨胀系数，K^{-1};κ_{T} 为流体等温压缩系数，MPa^{-1}。

环空压力变化量由三部分组成:流体热膨胀引起压力变化、环空体积变化引起压力变化和流体流入或流出引起压力变化。一般情况下，流体热膨胀引起压力变化占支配地位;环空体积增大会降低环空压力;在密闭环空中，认为流体流入或流出引起压力变化等于零。把环空温度变化、体积变化和流体热力学参数等代入公式，就可以计算环空带压的大小。

设套管内半径、套管外半径、井壁半径、围岩外边缘半径依次记作 a、b、c、d;套管内壁、套管外壁、井壁、围岩外边缘的温度依次为 T_1、T_2、T_3、T_4。

根据传热学，可得套管外壁、井壁的温度:

$$T_2 = T_4 - \Phi\left(\frac{1}{2\pi\lambda_3}\ln\frac{d}{c} + \frac{1}{2\pi\lambda_2}\ln\frac{c}{b}\right)$$
$$T_3 = T_4 - \Phi\frac{1}{2\pi\lambda_3}\ln\frac{d}{c} \tag{9-6}$$

套管、环空和围岩的内部温度分布:

$$T_c(r) = T_1 - (T_1 - T_2)\ln\frac{r}{a} / \ln\frac{b}{a}$$
$$T_{\text{ann}}(r) = T_2 - (T_2 - T_3)\ln\frac{r}{b} / \ln\frac{c}{b} \tag{9-7}$$
$$T_f(r) = T_3 - (T_3 - T_4)\ln\frac{r}{c} / \ln\frac{d}{c}$$

式中:r 为半径，m;Φ 为单位长度的导热热流量，W/m;λ_1，λ_2，λ_3 为套管、环空、围岩的导热系数，W/(m·K);T_c，T_{ann}，T_f 分别为套管、环空和围岩的内部温度。

为了简化计算，井筒变形视为平面应变问题。当套管温度升高 ΔT、环空压力增大 Δp 时，套管外壁径向位移为:

$$u_b = \frac{1+v}{E}\frac{a^2b^2 + (1-2v)b^3}{b^2 - a^2}\Delta p + (1+v)\alpha\frac{2b}{b^2 - a^2}\int_a^b \Delta Tr\mathrm{d}r \tag{9-8}$$

当围岩温度升高 ΔT_f、环空压力增大 Δp 时，井壁径向位移为:

$$u_c = \frac{1+v_f}{E_f}\frac{cd^2 + (1-2v_f)c^3}{d^2 - c^2}\Delta p + (v)\alpha_f\frac{2c}{d^2 - c^2}\int_c^d \Delta T_f r\mathrm{d}r \tag{9-9}$$

则生产套管变形、井壁变形引起的环空体积变化量为:

$$\Delta V_{\text{anni}} = \pi\left[b^2 - (b + u_b)^2\right]L_{\text{ann}} \tag{9-10}$$

$$\Delta V_{\text{anno}} = \pi \left[\left(c + u_{\text{c}} \right)^2 - c^2 \right] L_{\text{ann}} \tag{9-11}$$

环空体积变化量为：

$$\Delta V_{\text{ann}} = \Delta V_{\text{anni}} + \Delta V_{\text{anno}} \tag{9-12}$$

式中：E 为套管弹性模量，MPa；v 为套管泊松比；a 为套管热膨胀系数，K^{-1}；E_{f} 为围岩弹性模量，MPa；v_{f} 为围岩泊松比；a_{f} 为围岩热膨胀系数，K^{-1}；L_{ann} 为环空长度，m。

由于环空体积变化和环空压力变化是相互作用的关系，可以采用迭代法求解环空压力变化。进一步地，考虑流体热膨胀系数、流体压缩系数等随温度变化，把总温差 ΔT 分为 n 段，分别计算每段温差的环空带压 Δp_i；把它们叠加在一起，获得总环空带压 Δp。改进的环空带压预测模型更加符合实际情况。

采用环空带压预测模型，对页岩气井进行环空带压预测分析。在某口页岩气水平井中，压裂施工压力范围为 65~90MPa，压裂前后温度变化范围为 20~60℃，设地层温度为 100℃。井筒与地层的弹性和热力学参数见表 9-1。

表 9-1　井筒与地层的弹性和热力学参数

材料	弹性模量 /MPa	泊松比	热膨胀系数 /℃$^{-1}$	导热系数 /[W/（m·℃）]
套管	210000	0.30	$12×10^{-6}$	30.0
页岩	32000	0.18	$58.99×10^{-6}$	0.1

计算可得生产套管环空带压变化规律，如图 9-1 所示。可知，随着温度升高，环空带压迅速增大；当温度从 20℃ 升高到 60℃ 时，环空带压达 21MPa。值得注意的是，环空带压会明显增大套管的压力，它叠加到常规套管设计的液柱压力上，容易造成套管挤毁或爆裂，也可能造成井口装置的破坏。建议井筒完整性设计应重视环空带压问题，并进行预测、监测和控制。

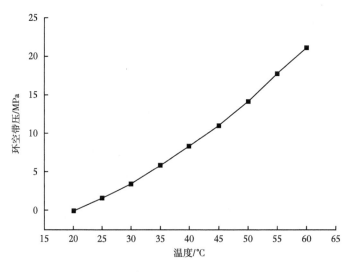

图 9-1　页岩气水平井生产套管的环空带压预测

9.2　环空带压控制方法

目前，环空带压的控制方法主要有以下几种：

（1）选择合适的油套管柱。油套管柱在生产过程中由于压力的变化会产生各种形式的破损，主要在于管柱接头处螺纹不能满足安全生产要求，此外，在生产过程中液体腐蚀、高温气体传热等，容易引起管柱破裂。所以，在前期预防环空带压时，应该确保所选用的油套管柱的材料参数满足生产要求，严格保证接头质量；在进行井下作业时，要严格按照规定的程序，防止高温、高压、高应力、腐蚀等造成的油套管损坏。

（2）采用隔热管柱。油管是生产管柱内高温流体热量传递至环空的第一道屏障，油管向环空传热效率的高低直接影响环空温度变化的大小。采用真空隔热油管（vacuum-insulated tubing），可有效降低高温流体向环空的传热效率，达到降低环空温度、热膨胀和环空带压的目的。与常规油管相比，采用真空隔热油管技术，油管内高温流体向环空传热量可降低约 90%。真空隔热油管技术用于降低环空压力始于 2000 年前后。1999 年，BP公司在墨西哥湾 Marlin Well-2 井的开采过程中，套管和油管严重损毁，造成严重的生产事故，环空压力升高是导致这次事故的主要原因。在后续的作业中，采取了真空隔热油管技术、环空注氮技术等多种压力释放措施，防止环空压力过高威胁管柱安全和井筒完整性。2002 年，BP 公司在 King West 区块采用真空隔热油管技术，降低环空压力，取得了显著效果。真空隔热油管技术同样也被 Shell 等公司广泛应用。

（3）安装破裂盘。破裂盘（burst disk）是一种用来控制井筒或套管环空压力的一次性压力释放装置。通常把向外破裂的装置称为破裂盘，把向内破裂的装置称为坍塌盘。套管柱中安装破裂盘可以控制环空压力，如果一口井环空压力不断升高而难以发现或无法从井口控制，当环空压力达到破裂盘的破裂压力时，套管柱中的破裂盘先破裂，可确保套管不会因为环空压力过高而被挤毁，也保证了其他套管的密封性及完整性。

（4）提高驱替效果和固井质量。良好的驱替效果利于保证后期的安全生产。一般情况下，下套管需要加装扶正器，调整钻井液性能，调整水泥浆体系，采用紊流流态注水泥，还可以在注水泥过程中活动套管，避免在环空中残留钻井液。

在固井过程中，要严格控制钻井液、隔离液、水泥浆的密度，三者的密度应满足：$\rho_{钻井液} < \rho_{隔离液} < \rho_{水泥浆}$。在保证地层完整性的前提下，做到"三压稳"，即在固井之前、期间、之后的压力保持稳定，由于体积收缩、失水、胶凝结构形成等造成失重，妨碍了水泥浆在候凝过程中压稳，这是环空带压的重要原因之一。对于封固段过长或者下部有高压气层等情况，可以采用分级注水泥工艺。提高固井质量是预防环空带压的重要手段。

9.3　破裂盘力学分析

破裂盘的工作原理：当压力达到破裂盘的额定压力时，其中的爆破片就会开启。破裂盘可以连通高压环空和低压环空，保证环空压力正常（图 9-2）。破裂盘破裂压力值取决于内部爆破片的结构、材质。按照结构形态可分为正拱形爆破片和反拱形爆破片，油气井较为常见的是正拱形爆破片。正拱形爆破片又名拉伸型爆破片，压力敏感元件呈现正拱形，凸起方向自破裂盘内端面向外端面，拱面处于压力系统的低压侧；反拱形爆破片又名压缩型爆破片，压力敏感元件呈现反拱形，在安装时，拱面处于压力系统的高压侧。

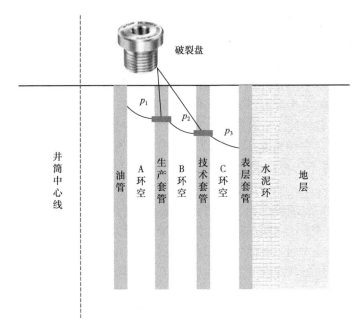

图 9-2　破裂盘泄压示意图

为研究破裂盘在高压条件下的力学行为，建立了破裂盘力学模型，如图 9-3 所示。由于破裂盘安装在套管上，可忽略其径向位移，施加 $U_z=0$ 位移约束；轴向近似固定，对破裂盘施加 $U_x=U_y=0$ 位移约束。在破裂盘内端面施加不同压力，模拟破裂盘的力学行为。

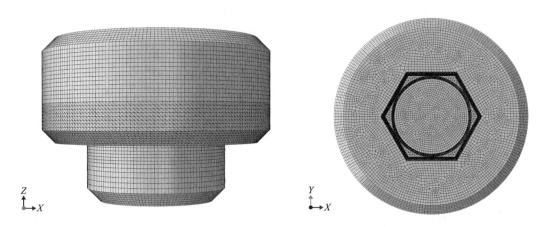

图 9-3　破裂盘力学模型

当破裂盘内压为 50MPa 时，破裂盘应力和位移分布如图 9-4 和图 9-5 所示。破裂盘内端面最大应力为 510.6MPa，呈现从四周向中心减小的趋势；破裂盘内端面最大位移为 0.41mm，呈现从四周向中心增大的趋势。

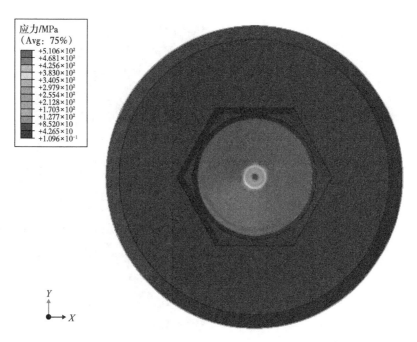

图 9-4　内压 50MPa 时破裂盘应力分布

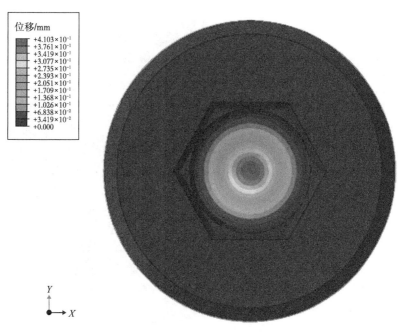

图 9-5　内压 50MPa 时破裂盘位移分布

　　当破裂盘内压为 51MPa 时，破裂盘应力和位移分布如图 9-6 和图 9-7 所示。破裂盘内端面最大应力为 529MPa，接近破裂盘屈服应力 530MPa；破裂盘内端面最大位移为 0.69mm。

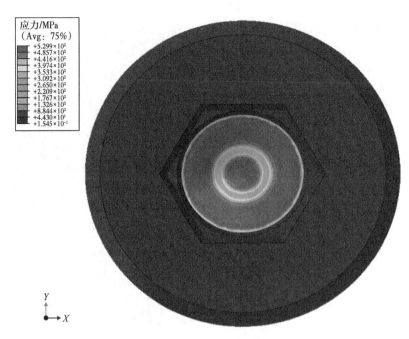

图 9-6　内压 51MPa 时破裂盘应力分布

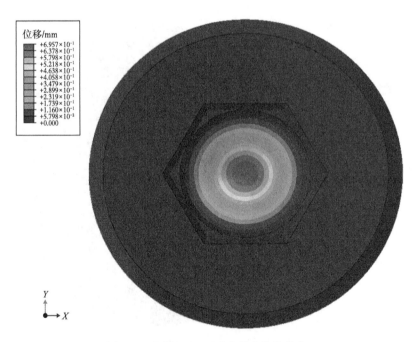

图 9-7　内压 51MPa 时破裂盘位移分布

当破裂盘内压为 60MPa 时，破裂盘应力和位移分布如图 9-8 和图 9-9 所示。破裂盘内端面最大应力为 530MPa，已达到屈服值；破裂盘内端面最大位移为 0.8mm。

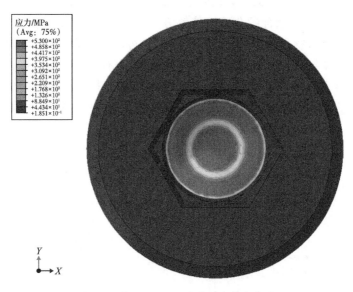

图 9-8　内压 60MPa 时破裂盘应力分布

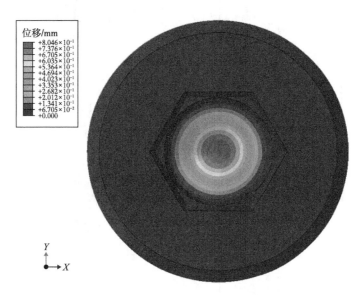

图 9-9　内压 60MPa 时破裂盘位移分布

9.4　套管螺纹热应力分析

9.4.1　套管螺纹模型

管柱和井下工具的主要失效形式为管柱的螺纹连接处或封隔器等部位出现密封失效，导致气体窜流至油套环空，并在井口聚集产生环空带压。为了更好防治环空带压，有必要对套管螺纹安全性进行评价，采取合理的生产制度，防止螺纹泄漏。

有限元模拟对于螺纹啮合的非线性接触方式的运算有着独特优势，既能较为准确地分析螺纹受力，也能节省实验所用的大量资源。忽略螺纹升角的影响，螺纹接头为轴对称形状，可以将计算模型简化为二维轴对称模型。为提高有限元模型计算收敛性和减少计算量，采用低阶的 4 节点四边形单元 Plane42。为符合实体模型旋转特性的特点，模型以 Y 轴为对称轴建立，修改单元选项为轴对称。在网格划分中，网格大小取 3mm，采取三角形自由划分方式，并加密螺纹接触处网格。在接触方面，选择 Conta172 和 Targe169 接触单元来分别模拟接触面和目标面，通过"刚体—刚体"模拟接触面行为。建立特种螺纹接头的有限元模型，如图 9-10 所示。

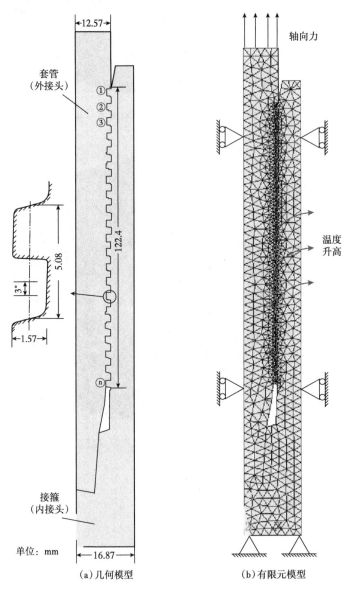

(a) 几何模型　　　　　(b) 有限元模型

图 9-10　螺纹二维几何模型和有限元模型

螺纹接头材料参数见表 9-2。

表 9-2　螺纹接头材料参数

材料名称	线膨胀系数 /K^{-1}	弹性模量 /MPa	泊松比	导热系数 /[W/(m·K)]
碳钢	$1.2×10^{-5}$	210000	0.3	70

在载荷与约束施加方面，接箍和套管均为钢质管状结构，结构稳定性强，且接箍和套管外侧固定，可忽略其径向变形，对其施加 U_x=0 位移约束；接箍和套管的轴向近似固定，对接箍一端施加 $U_x= U_y$=0 位移约束。现场会对套管整体施加预应力，于是先对套管施加轴向上的拉力载荷，再设置温度由初始温度增加到对应工况下温度。

为验证模型的准确性，对套管进行拉伸性能试验，取长度为 500mm 的拉伸试样，在钢级 N80、外径 177.8mm 的套管上，先对试件施加 168℃ 的温度载荷，再施加拉力载荷至失效；在钢级 140、外径 193.68mm 的套管上，在室温条件下，施加拉力载荷至失效，得到对应的实测抗拉强度，如图 9-11 所示。

图 9-11　套管接头试验失效形貌

同时，修改模型的尺寸与对应载荷，得到模型预测的抗拉强度，如图 9-12 所示。实测抗拉强度与预测抗拉强度进行对比，见表 9-3。可知，预测抗拉强度与实测抗拉强度误差较小，反映模型准确可靠。

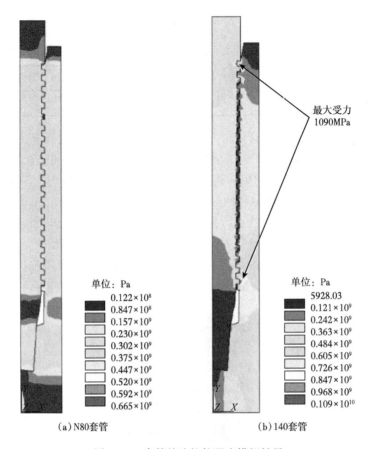

图 9-12　套管接头抗拉强度模拟结果

表 9-3　套管接头实测与模拟对比

钢级	外径 / mm	实测抗拉强度 / MPa	预测抗拉强度 / MPa	误差 / %
N80	177.80	689.48	665	3.3
140	193.68	1034.00	1090	5.4

9.4.2　套管螺纹力学分析

以某口页岩气井为例，固井时井口位置套管拉力为3108kN；采气时井筒温度由初始温度30℃升高到100℃。通过套管螺纹有限元模拟，分析套管螺纹的密封性。

在固井过程中，井口悬挂套管，使得套管螺纹受到最大拉力为3108kN，此时螺纹最大应力为708MPa，在两端啮合的螺纹牙顶处表现出应力集中，螺纹无屈服；螺纹在受拉方向上最大位移为0.26mm，螺纹在受拉一端的位移最大，向上逐渐减小（图9-13）。

在生产过程中，井筒温度的不断升高会导致套管自由段膨胀伸长，下部自由段套管会对井口的套管螺纹产生上顶力，经计算，上顶力为1663.55kN。此时螺纹最大应力为481MPa，分布在第一圈啮合处，螺纹无屈服；螺纹最大位移为0.33mm（图9-14）。可见，在该井轴向载荷和温度变化条件下，套管螺纹不会失效。

140

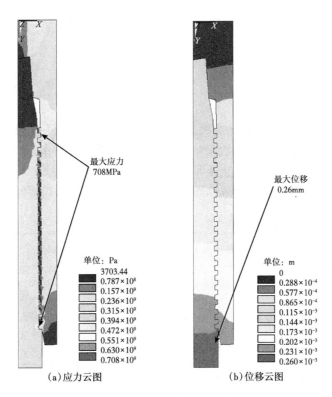

图 9-13　生产前套管螺纹的应力和位移分布

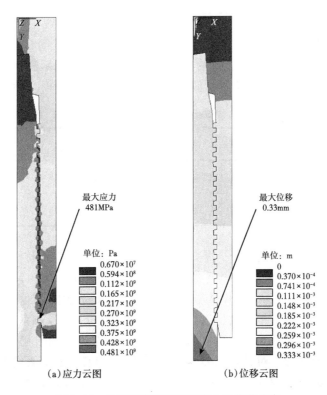

图 9-14　生产后套管螺纹的应力和位移分布

9.5 封隔器热应力分析

9.5.1 封隔器模型

封隔器是一种用于封隔不同环空流体的井下工具。封隔器工作原理为：隔环受到推力，使胶筒系统挤压变形，受压的胶筒由于大变形使中部向外挤出，与套管内壁接触并产生一定的接触压力，从而封隔环空上下部流体，达到层间封隔的效果。胶筒系统作为封隔器中关键的密封元件，直接影响封隔器性能及生产安全。某一胶筒系统几何参数见表9-4。

表 9-4　胶筒系统几何参数

名称	内径 /mm	外径 /mm	边缘外径 /mm	倒角 / (°)	长度 /mm
长胶筒	75	107.0	86	145	124.0
短胶筒	75	107.0	86	137	23.5
中心管	61	75.0	—	—	210.0
套管	118	139.7	—	—	210.0
隔环	75	108.0	—	—	18.0

胶筒系统表现为材料非线性、几何非线性和接触非线性，胶筒材料近似为一种超弹性材料，其应力—应变关系是一个复杂的非线性函数，用应变能函数表示，采用 Mooney-Rivilin 函数。选取硬度为 70 和 90 的橡胶材料，Mooney-Rivilin 模型参数见表9-5。

表 9-5　胶筒材料参数

胶筒	硬度 / HA	弹性模量 /MPa	C_{10}	C_{01}
长胶筒橡胶	70	6.69	0.775	0.387
短胶筒橡胶	90	17.33	1.926	0.963

根据胶筒结构及受力特点，为了提高计算效率，建立二维轴对称模型。选用超弹单元 Plane182，修改单元选项为轴对称。选择 Conta172 和 Targe169 接触单元分别模拟接触面和目标面，通过"刚体—柔体"模拟接触面行为。建立胶筒与中心管、隔环和套管内壁的接触及胶筒—胶筒自接触，接触类型选择摩擦接触 Frictional，摩擦系数取 0.1。网格大小取 1mm，采取自由划分网格方式。建立胶筒系统有限元模型，如图 9-15 所示。

忽略套管的径向变形，对其施加 $U_x=0$ 位移约束；中心管和套管的轴向近似固定，对二者施加 $U_y=0$ 位移约束；对隔环施加 $U_x=0$ 位移约束，对上隔环施加向下均布载荷 p。采用准静态加载过程，模拟胶筒坐封的力学行为。

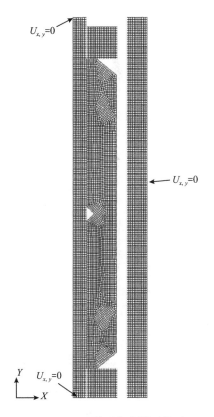

图 9-15　胶筒系统有限元模型

　　热应力分析：温度变化会引起胶筒密封性能变化，考虑温度变化对胶筒系统稳定性分析十分重要。利用间接法计算热应力：首先，进行传热分析；然后，将传热分析求得的节点温度作为体载荷施加到结构上，根据材料热膨胀情况求解其几何与应力变化，进行热应力与结构力学分析。传热分析时选用热单元 Plane55，每个节点只有一个自由度——温度，后续进行热应力分析时利用单元转换，直接转换为 Plane182 单元。胶筒热应力分析参数见表 9-6，水与钢、橡胶对流换热系数设为 1W/（m² ·℃）。

表 9-6　热应力分析参数

材料	导热系数 /[W/（m·℃）]	热膨胀系数 /℃⁻¹
钢	70.0	0.000012
橡胶	0.20	0.000115

9.5.2　胶筒力学分析

　　在胶筒系统模型中，对上隔环施加 60mm 的位移载荷模拟胶筒坐封过程。坐封后，胶筒系统的位移如图 9-16 所示，可知：上隔环使胶筒受到挤压产生变形，胶筒中部向外侧挤出，与套管内壁发生接触；胶筒上部受挤压后变形较大，产生一定程度的肩突，而胶筒下部未出现此现象。

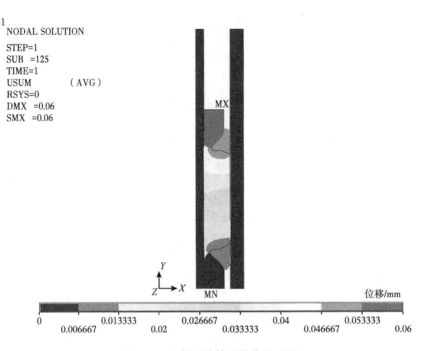

图 9-16　坐封后胶筒系统位移云图

坐封后胶筒应力如图 9-17 所示，可知：胶筒应力集中区域出现在硬胶筒中心、软硬胶筒接触面附近，最大应力达到 29.5MPa，超过抗拉强度 27.47MPa，出现局部破坏。胶筒其余部位应力分布较均匀，小于胶筒的抗拉强度，胶筒整体结构稳定。

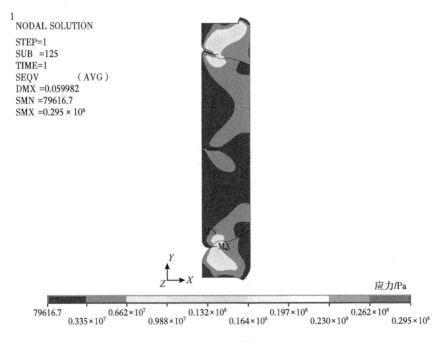

图 9-17　坐封后胶筒应力云图

坐封后胶筒应变云图如图 9-18 所示，可知：应变分布不均，软胶筒端部和软硬胶筒接触面附近的应变偏大，最大应变达到 103%，小于扯断伸长率 187%；而胶筒四周区域应变较小。

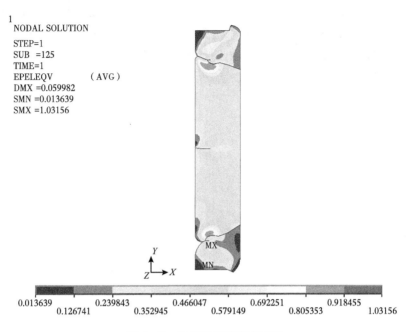

图 9-18　坐封后胶筒应变云图

胶筒各接触表面的接触压力分布如图 9-19 所示，可知：接触压力的范围是 0~37.9MPa；胶筒外壁与套管内壁之间接触压力的范围为 6.83~12.21MPa；胶筒与隔环之间接触压力为 15~34.4MPa，最大接触压力在胶筒肩突与隔环接触位置。

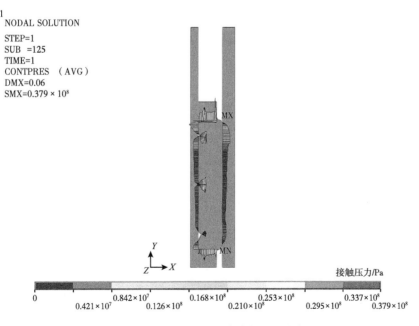

图 9-19　坐封后胶筒系统接触压力分布

将胶筒系统从 20℃ 升高到 160℃ 后，胶筒上部肩突更加严重，稳定性下降；胶筒下部受温度影响后产生一定肩突；向内凹陷处填充更加完整。体积膨胀对胶筒应力分布有一定影响，软硬胶筒接触面应力最大，最大应力从常温的 29.5MPa 上升到 32.8MPa，超过 160℃ 时的拉伸强度 12.38MPa，应力集中位置易产生裂纹。最大应变受温度影响不大，从 103% 增加到 104%，超过 160℃ 时的扯断伸长率 75%，因此，高温使胶筒更易结构破坏。

第10章 冲击作用下井筒完整性评价

在钻井过程中，钻柱和钻头是重要的破岩工具，钻柱的运动状态受到钻井液、井壁等因素影响，同时，井筒也会受到钻柱运动的影响。当裸眼段井壁受到钻柱碰撞时，局部岩石易破碎、掉块，井壁形状变得不规则。当钻柱碰撞固井段井筒时，可能会引起套管损坏、水泥环破坏等井筒失效，进而造成大变形或流体泄漏等问题。

现有研究多为井筒静力学分析，关于动力学问题研究较少，冲击作用下井筒完整性值得引起重视。本章通过建立井筒动力学模型，探讨钻柱冲击作用下井筒完整性，以期更全面地了解井筒性能。

10.1 井筒动力学模型

在钻井过程中，钻柱横向振动会与固井段套管内壁发生碰撞，选取钻柱与井筒（套管—水泥环—地层）作为研究对象，建立钻柱碰撞井筒的动力学模型。为了简化计算，建立四分之一井筒模型和全尺寸钻柱模型，其几何参数见表10-1。

表 10-1　模型几何参数

材料	内径 /mm	外径 /mm
套管	315.0	339.7
水泥环	339.7	406.4
钻柱	101.6	127.0
围岩	406.4	2000.0

对模型中地层、水泥环、套管和钻柱进行网格划分，建立有限元模型，如图10-1所示。

钻柱材料参数选取S135级钻柱的参数，使用分段双线性塑性材料模型，套管材料参数选取C-95级套管的参数，见表10-2。水泥环和地层采用HJC本构模型，见表10-3。

表 10-2　钻柱和套管材料参数

名称	密度 /（kg/m³）	弹性模量 /MPa	泊松比	屈服极限 /MPa	切线模量 /MPa
钻柱	7930	2.06×10^5	0.30	931	1×10^4
套管	7850	2.10×10^5	0.25	655	—

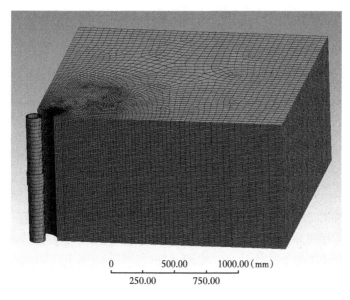

图 10-1　钻柱碰撞井筒的有限元模型

表 10-3　水泥环和地层的 HJC 模型材料参数

名称	G/GPa	S_{max}	A	B	C	N	D_1	D_2	K_1/GPa	K_2/GPa
水泥环	20.80	7	0.28	1.85	0.006	0.84	0.040	1	12	135
地层	10.49	20	0.32	1.76	0.013	0.79	0.013	1	81	−91
名称	ρ/（kg/m³）	p_c/MPa	μ_c	p_1/GPa	μ_1	EF_{min}	f_c/MPa	EPS0	T/MPa	K_3/GPa
水泥环	2500	20.30	0.660	1.21	0.07	0.010	61.00	1	4.80	698
地层	2610	25.38	0.001	0.80	0.08	0.005	76.13	1	7.63	89

注：G 为剪切模量；S_{max} 为无量纲最大强度；A 为无量纲黏度常数；B 为无量纲压力强化系数；C 为应变速率系数；N 为无量纲压力硬化系数；D_1，D_2，EF_{min} 为损伤参数；K_1，K_2，K_3 为压力参数；ρ 为材料密度；p_c 为压碎压力；μ_c 为压碎体积应变；p_1 为压实点压力；μ_1 为压实点体积应变；f_c 为准静态单轴抗压强度；EPS0 为准静态应变速率临界值；T 为最大拉伸静水压力。

　　钻柱与套管之间设置自动面—面接触，目标部件为套管，从属部件为钻柱，动摩擦因数为 0.15，静摩擦因数为 0.2。套管—水泥环、水泥环—地层的胶结参数见表 10-4。

表 10-4　套管—水泥环、水泥环—地层的胶结参数

位置	拉伸失效应力 /MPa	剪切失效应力 /MPa	拉伸极限位移 /mm	剪切极限位移 /mm
套管—水泥环	1.26	2.83	1.00	1.25
水泥环—地层	2.51	3.44	1.25	1.50

　　设钻柱碰撞速度为 2m/s、4m/s、6m/s、8m/s、10m/s，钻柱旋转速度为 60r/min、70r/min、80r/min、90r/min、100r/min。模拟碰撞时间为 40ms，以保证钻柱能以一定初速度碰撞

井筒，实现能量转化后能反弹远离井筒。时间子步设置为自动时间步，最小时间步为 0.001ms，最大时间步为 1ms，输出控制为每 0.1ms 输出一次。

10.2　井筒动力学行为

10.2.1　套管变形分析

在钻柱碰撞速度 6m/s、转速 60r/min 条件下，模拟钻柱碰撞作用下井筒动力学行为。不同时刻下钻柱碰撞井筒的过程如图 10-2 所示。可见，钻柱向井筒运动，然后钻柱与井筒发生碰撞，最后钻柱反弹离开井筒。

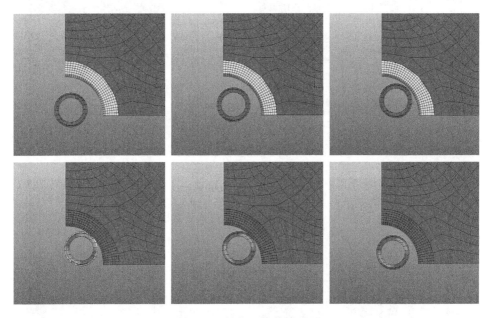

图 10-2　钻柱碰撞井筒过程

不同时刻套管等效应力分布如图 10-3 所示。当钻柱未碰撞套管时，套管最大等效应力为 42.3MPa，这是固井后初始应力状态；当时间为 15ms 时，钻柱与套管初碰，套管等效应力达到 655MPa 的区域较小，面积约为 12.5cm^2；当时间为 15.5ms 时，应力波向外以近似椭圆状扩展，套管等效应力达到 655MPa 的区域由中间小范围扩大至较大范围，面积约为 156.2cm^2；当时间为 16ms 时，钻柱离开了套管，套管最大等效应力降至 544MPa，应力集中区域的面积减小；当时间为 16.5ms 时，套管大部分区域等效应力小于 355.8MPa。

当钻柱与井筒碰撞时，套管被碰撞区域的最大等效应力升至 655MPa，等效应力瞬时增大了约 15 倍，达到 C-95 套管的屈服强度，碰撞会造成套管局部屈服。

不同时刻套管变形分布如图 10-4 所示。当钻柱碰撞套管时，钻柱与套管产生接触，从套管被碰撞区域的中心位置开始变形，并向四周蔓延；钻柱继续运动，套管变形增大，最大变形量达 2.28mm；在钻柱离开套管后，套管弹性变形恢复，但仍然存在塑性变形，最大变形量为 0.96mm。

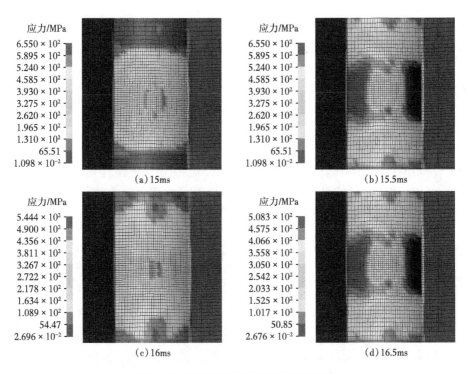

图 10-3　不同时刻套管等效应力分布

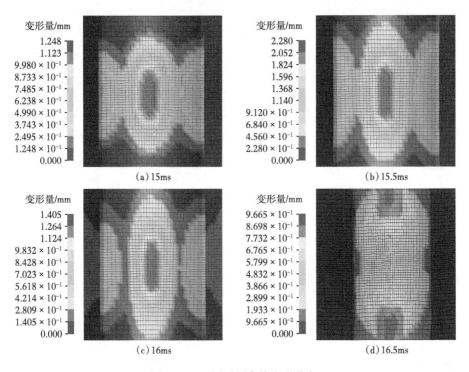

图 10-4　不同时刻套管变形分布

　　套管关键单元等效应力—时间历程曲线如图 10-5 所示。初始时刻，套管单元等效应力处在较低水平，小于 50MPa；当钻柱碰撞套管时，被碰撞区域的套管单元等效应力骤升，单元 A 在碰撞中心位置上，此处等效应力最大为 655MPa，相邻单元等效应力也相继升高；当钻柱离开套管时，套管单元等效应力相继跌落；套管被碰撞的中心位置受钻柱碰撞影响最大，距离碰撞区域越远的单元应力越小。

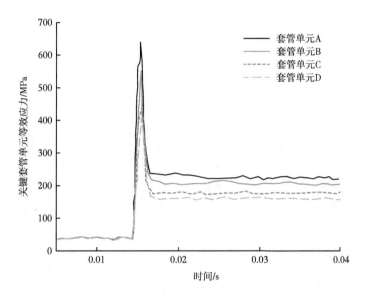

图 10-5　套管单元等效应力—时间历程曲线

套管关键单元变形—时间历程曲线如图 10-6 所示。未发生碰撞阶段，套管发生较小变形，为 0.035mm 左右；当钻柱与套管接触时，套管单元开始快速变形，距离碰撞区域中心越近的套管单元变形量越大，碰撞后塑性变形也越大，如单元 A 碰撞过程中套管最大变形量达 2.28mm，碰撞后塑性变形为 0.96mm；而较远的单元 D 碰撞过程中套管最大变形量为 1.65mm，碰撞后塑性变形为 0.69mm。

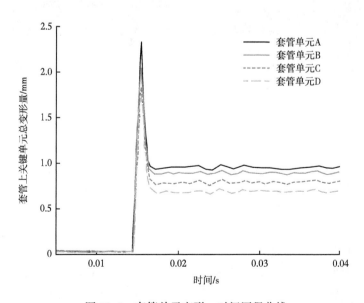

图 10-6　套管单元变形—时间历程曲线

10.2.2 水泥环破碎分析

为便于观察钻柱碰撞作用下水泥环破碎程度，把钻柱和套管部件隐藏。在钻柱碰撞速度 6m/s、转速 60r/min 条件下，截取钻柱碰撞井筒前后 4 个时间点局部水泥环破碎形态，如图 10-7 所示。水泥环部分单元达到水泥环 HJC 模型中失效条件后被删除，破碎区域近似椭圆形，破碎深度为水泥环的第一层单元厚度 1mm，破碎宽度最大为 13.734cm，破碎高度最大为 40.185cm，破碎面积约为 43.3cm²。

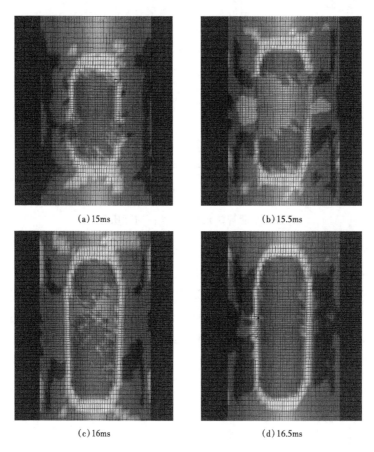

(a) 15ms   (b) 15.5ms

(c) 16ms   (d) 16.5ms

图 10-7　不同时刻水泥环破碎形态

水泥环关键单元等效应力—时间历程曲线如图 10-8 所示。当碰撞未发生时，水泥环应力维持在 16MPa 左右；当发生碰撞时，单元 E 等效应力骤升至 73MPa，该单元达到 HJC 本构模型中失效条件后被删除，所以等效应力显示为 0MPa；在碰撞后，未达到失效条件的单元 G 和单元 H 等效应力约降低至初始时刻的一半，波动范围为 6.5~9.1MPa。认为模型中水泥环部分单元发生单元删除后，破碎区域附近未达到失效条件的单元受约束减少，因此单元 G 和单元 H 等效应力比碰撞前低一些。

钻柱能量—时间历程曲线如图 10-9 所示。在钻柱碰撞井筒过程中，钻柱的动能从 696J 降低至 351J，钻柱内能从 0J 增加至 22J，总能量从 696J 降低至 373J，其中损耗的能量 323J 用于碰撞井筒套管变形、水泥环破碎、能量耗散及传递到井筒套管和水泥环上转化为内能等[166]。

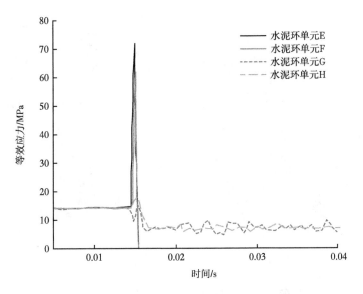

图 10-8　水泥环单元等效应力—时间历程曲线

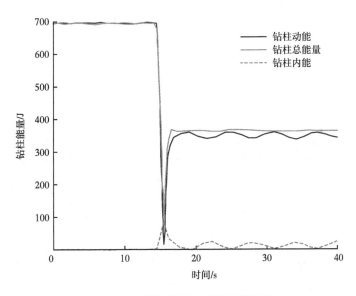

图 10-9　钻柱能量—时间历程曲线

10.3　钻柱碰撞对井筒完整性影响规律分析

10.3.1　碰撞速度对井筒完整性影响

不同钻柱碰撞速度下碰撞后套管变形如图 10-10 所示。在钻柱碰撞速度为 2m/s 条件下，碰撞后套管存在塑性变形，最大变形量为 0.046mm。在钻柱碰撞速度为 4m/s 条件下，碰撞后套管存在塑性变形，最大变形量为 0.356mm。

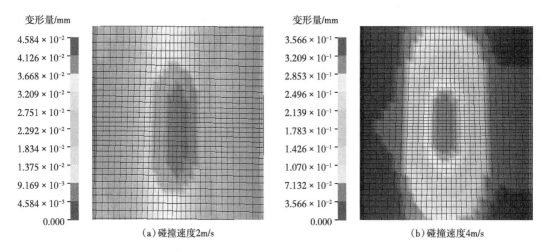

图 10-10 不同钻柱碰撞速度下碰撞后套管变形

不同钻柱碰撞速度下水泥环应力或破碎区域如图 10-11 所示。在钻柱碰撞速度为 2m/s 条件下，水泥环未发生破碎，最大等效应力为 18.66MPa。在钻柱碰撞速度为 4m/s 条件下，水泥环部分单元达到水泥环 HJC 模型中失效条件后被删除，水泥环破碎面积为 36.67cm²。

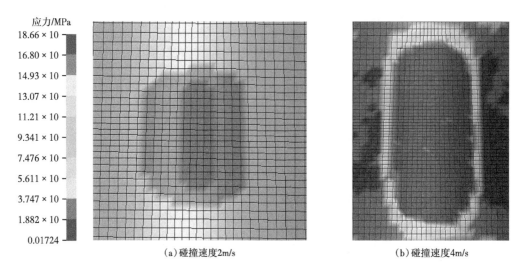

图 10-11 不同钻柱碰撞速度下水泥环应力或破碎区域

不同碰撞速度下套管塑性变形及水泥环破碎情况如图 10-12 所示。随着钻柱碰撞速度增加，套管塑性变形和水泥环破碎面积都增大。当钻柱碰撞速度为 2m/s 时，套管变形量极小，水泥环未发生破碎。当钻柱碰撞速度超过4m/s时，套管最大塑性变形大于0.35mm，水泥环产生局部破坏。

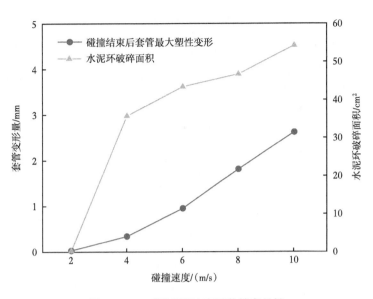

图 10-12　不同碰撞速度下井筒完整性

综上可知，钻柱碰撞速度对井筒完整性有着显著影响，钻柱较大的横向振动和碰撞速度容易造成井筒局部失效。

10.3.2　钻柱转速对井筒完整性影响

在钻柱碰撞速度为 6m/s 条件下，分析钻柱转速 60r/min、80r/min、100r/min 对井筒完整性的影响，不同钻柱转速下碰撞后套管变形如图 10-13 所示，不同钻柱转速下水泥环破碎区域如图 10-14 所示。可知，碰撞后套管存在塑性变形，不同钻柱转速下套管塑性变形分别为 0.876mm、0.937mm、0.966mm；不同钻柱转速下水泥环破碎面积分别为 43.3cm^2、42.1cm^2、43.1cm^2。

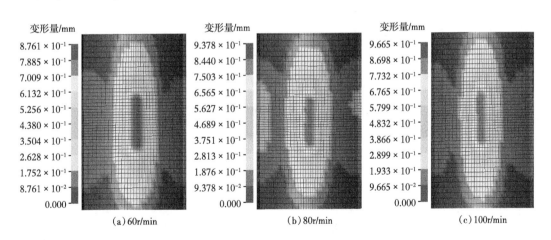

图 10-13　不同钻柱转速下碰撞后套管变形

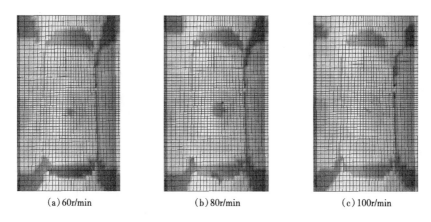

(a) 60r/min   (b) 80r/min   (c) 100r/min

图 10-14　不同钻柱转速下水泥环破碎区域

　　不同钻柱转速下套管塑性变形及水泥环破碎面积如图 10-15 所示。可知，在同一碰撞速度下，随着钻柱转速增加，套管塑性变形及水泥环破碎面积基本保持不变。钻柱转速对井筒完整性影响较小。

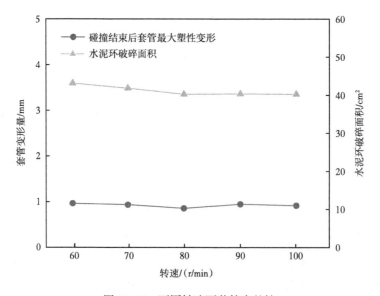

图 10-15　不同转速下井筒完整性

参 考 文 献

[1] 尹飞. 复杂工况定向井筒力学分析与完整性评价研究 [D]. 北京: 中国石油大学 (北京), 2016.

[2] D-010, Well Integrity in drilling and well operations [S]. NORSOK Standard (第 1 版), 1986.

[3] 吴奇, 郑新权, 张绍礼, 等. 高温高压及高含硫井完整性管理规范 [M]. 北京: 石油工业出版社, 2017.

[4] 齐奉忠, 刘硕琼, 杨成颉, 等. BP 墨西哥湾井喷漏油事件给深井固井作业的启示 [J]. 石油科技论坛, 2011 (5): 45-48.

[5] 魏超南, 陈国明. "深水地平线" 钻井平台井喷事故剖析与对策探讨 [J]. 钻采工艺, 2012, 35 (5): 18-21.

[6] 陈安家. "12.23" 井喷小患缘何酿重灾——中石油川东钻探公司 "12.23" 井喷特大事故周年祭 [J]. 劳动保护, 2005 (2): 34-38.

[7] 苏立萍, 罗平, 胡社荣, 等. 川东北罗家寨气田下三叠统飞仙关组鲕粒滩成岩作用 [J]. 古地理学报, 2004 (2): 182-190.

[8] RAFFI K. A Reporter at Large: The Gulf war [J]. The New Yorker, 87 (4): 36-59.

[9] 李阳, 赵晶瑞, 谢彬, 等. "深水地平线" 沉没事故带来的海洋平台设计的思考 [J]. 海洋工程装备与技术, 2015, 2 (6): 405-410.

[10] 许婷婷. 国际海上油田开采中的现代能源安全问题——以墨西哥湾漏油事件为视角 [J]. 现代营销 (信息版), 2019 (12): 186-187.

[11] 黄子鉴. 海上钻井平台溢油治理模式研究 [D]. 厦门: 厦门大学, 2020.

[12] WANG Y, LEE K, LIU D, et al. Environmental impact and recovery of the Bohai Sea following the 2011 oil spill [J]. Environmental Pollution, 2020, 263 (PB): 114343.

[13] 刘合. 油田套管损坏防治技术 [M]. 北京: 石油工业出版社, 2003.

[14] 马发明, 佘朝毅, 郭建华. 四川盆地高含硫气井完整性管理技术与应用——以龙岗气田为例 [J]. 天然气工业, 2013, 33 (1): 122-127.

[15] 林元华, 付建红, 施太和, 等. 套管磨损机理及其防磨措施研究 [J]. 天然气工业, 2004, 24 (7): 58-61.

[16] 李中, 李炎军, 张万栋, 等. 南海西部地区异常高压气井套管防磨技术 [J]. 石油钻采工艺, 2018, 40 (5): 547-552.

[17] 杜丙国, 师忠卿, 朱文兵, 等. 胜利油田套管损坏综合防治技术 [J]. 石油钻采工艺, 2004, 26 (4): 61-66.

[18] 葛明君, 吕拴录, 谢俊峰, 等. 某油井在固井过程中套管断裂原因分析 [J]. 石油管材与仪器, 2020, 6 (1): 65-68.

[19] 竹雪飞, 林元华, 巫才文, 等. 套管防磨措施研究进展 [J]. 西南石油学院学报, 2004, 26 (4): 65-69.

[20] 梁尔国. 深井和大位移井套管磨损规律试验及磨损程度预测 [D]. 秦皇岛: 燕山大学, 2012.

[21] 陈力力, 李玉飞, 张智, 等. 水平井套管磨损规律及防磨优化研究 [J]. 钻采工艺, 2022, 45 (2): 21-27.

[22] 郑举, 厉嘉滨, 李敏, 等. 海上油田注水井套管腐蚀机理及腐蚀控制技术研究 [J]. 全面腐蚀控制, 2013 (9): 61-66.

[23] 周志平, 赵爱彬, 张汝权, 等. 高温环境中油套管腐蚀研究进展 [J]. 腐蚀与防护, 2023, 44 (8): 40-45, 74.

[24] 朱广社, 张晓博, 杨学峰, 等. 长庆油田含硫化氢区块中 J55 钢套管的腐蚀机理 [J]. 机械工程材料, 2022, 46 (12): 55-59.

[25] 齐国森. 吴起油田油套管腐蚀与防治 [D]. 西安: 西安石油大学, 2016.

[26] IRANI M, CHALATURNYK R, HAJILOO M. Application of data mining techniques inbuilding predictive models for oil and gas problems: a case study on casingcorrosion prediction[J]. International Journal of Oil Gas & Coal Technology, 2014, 8 (4): 369.

[27] 朱忠锋. 蓬莱油田油套管腐蚀机理研究 [D]. 北京: 中国石油大学 (北京), 2019.

[28] 潘志勇, 燕铸, 刘文红, 等. 两起套管脱扣失效的典型案例分析 [J]. 钻采工艺, 2012, 35 (5): 12, 83-86.

[29] 文志明, 吕拴录, 白登相, 等. 某井高强度套管断裂原因分析 [J]. 石油管材与仪器, 2015, 1 (2): 54-57.

[30] 曾锋, 杨专钊, 李德君, 等. J55-LC 套管断裂失效原因分析 [J]. 焊管, 2020, 43 (10): 40-44.

[31] 刘硕, 闫家旭, 肖泉, 等. 开发过程中油田套管损坏研究现状 [J]. 科技资讯, 2023, 21 (15): 157-161.

[32] 胡博仲, 徐志良. 大庆油田油水井套管损坏机理及防护措施 [J]. 石油钻采工艺, 1998 (5): 95-98, 116.

[33] 孙连坡, 赵洪山. 稠油油井出砂对套管损坏的影响分析 [J]. 西部探矿工程, 2020, 32 (9): 100-103.

[34] 赵洪山, 管志川. 油层出砂引起采油套管损坏的力学分析 [J]. 中国石油大学学报 (自然科学版), 2006, 30 (5): 53-56.

[35] 练章华, 罗泽利, 于浩, 等. 砂泥岩夹层套管损坏的有限元分析及防控措施 [J]. 石油钻采工艺, 2016, 38 (6): 887-892.

[36] 葛伟凤, 陈勉, 金衍, 等. 深部盐膏岩地层套管磨损后等效应力分析 [J]. 中国石油大学学报 (自然科学版), 2013, 37 (1): 75-79.

[37] 李世远, 李扶摇, 杨柳, 等. 复合盐膏层界面错动的变形机理及数值模拟研究 [J]. 石油科学通报, 2019, 4 (4): 390-402.

[38] ZHOU H W, WANG C P, HAN B B, et al. A Creep Constitutive Model For Salt Rock Based On Fractional Derivatives[J]. International Journal of Rock Mechanics & Mining Science, 2011, 48 (1): 116-121.

[39] 于浩, 练章华, 林铁军. 页岩气压裂过程套管失效机理有限元分析 [J]. 石油机械, 2014, 42 (8): 84-88, 93.

[40] 陈朝伟, 曹虎, 周小金, 等. 四川盆地长宁区块页岩气井套管变形和裂缝带相关性 [J]. 天然气勘探与开发, 2020, 43 (4): 123-130.

[41] 蒋可, 李黔, 陈远林, 等. 页岩气水平井固井质量对套管损坏的影响 [J]. 天然气工业, 2015, 35 (12): 77-82.

[42] 田中兰, 石林, 乔磊. 页岩气水平井井筒完整性问题及对策 [J]. 天然气工业, 2015, 35 (9): 70-76.

[43] 戴强. 页岩气井完井改造期间生产套管损坏原因初探 [J]. 钻采工艺, 2015, 38 (3): 20-25.

[44] 冯耀荣, 韩礼红, 张福祥, 等. 油气井管柱完整性技术研究进展与展望 [J]. 天然气工业, 2014, 34 (11): 73-81.

[45] ADAMS A J, MACEACHRAN A. Impact on casing design of thermal expansion of fluids on confined annuli[J]. SPE Drilling & Completion, 1994, 9 (3): 210-216.

[46] BELLARBY J, KOFOED S S, MARKETZ F. Annular pressure build-up analysis and methodology with examples from multifrac horizontal wells and HPHT reservoirs[C]. SPE/IADC Drilling Conference and Exhibition, Amsterdam, Netherlands, 2013. SPE 163557.

[47] 窦益华, 薛帅, 曹银萍. 高温高压井套管多环空压力体积耦合分析 [J]. 石油机械, 2016, 44 (1): 71-74.

[48] YAN, ZOU, LI, et al. Investigation of casing deformation during hydraulic fracturing in high geo-stress shale gas play[J]. Journal of Petroleum Science and Engineering, 2017, 150, 22-29.

[49] 沈新普. 页岩气储层压裂引起的套管完整性数值评价 [C]. 全国结构工程学术会议, 2012.

[50] 尹虎, 张韵洋. 温度作用影响套管抗挤强度的定量评价方法——以页岩气水平井大型压裂施工为例 [J]. 天然气工业, 2016, 36（4）: 73-77.

[51] 董文涛, 申瑞臣, 梁奇敏, 等. 体积压裂套管温度应力计算分析 [J]. 断块油气田, 2016, 23（5）: 673-675.

[52] 董文涛, 申瑞臣, 乔磊, 等. 体积压裂多因素耦合套变机理研究 [J]. 钻采工艺, 2017, 40（6）: 35-37.

[53] YIN F, GAO D. Prediction of sustained production casing pressure and casing design for shale gas horizontal wells. Journal of Natural Gas Science and Engineering, 2015, 25: 159-165.

[54] ROUSSEL N P, SHARMA M M. Strategies to minimize frac spacing and stimulate natural fractures in horizontal completions[D]. SPE 146104, 2011.

[55] MOOS D, VASSILELLIS G, CADE R, et al. Predicting shale reservoir response to stimulation in the upper Devonian of West Virginia[J]. SPE 145849, 2011.

[56] VERMYLEN J P, ZOBACK M D. Hydraulic fracturing, microseismic magnitudes, and stress evolution in the Barnett shale, Texas, USA[J]. SPE 140507, 2011.

[57] LI S, LI X, ZHANG D. A fully coupled thermo-hydro-mechanical, three-dimensional model for hydraulic stimulation treatments[J]. Journal of Natural Gas Science and Engineering, 2016, 34: 64-84.

[58] 张广明, 刘勇, 刘建东, 等. 页岩储层体积压裂的地应力变化研究 [J]. 力学学报, 2015, 47（6）: 965-972.

[59] 李士斌, 官兵, 张立刚, 等. 水平井压裂裂缝局部应力场扰动规律 [J]. 油气地质与采收率, 2016, 23（6）: 112-119.

[60] 仝兴华, 孙峰, 周斌, 等. 油田注水诱发应力场演化及地层活动机制研究 [J]. 中国石油大学学报（自然科学版）, 2015, 39（1）: 116-121.

[61] 韩家新, 曾顺鹏, 张相泉, 等. 水平井分段压裂多簇裂缝对套管受力的影响分析 [J]. 重庆科技学院学报（自然科学版）, 2016, 18（4）: 97-100.

[62] 李军, 陈勉, 柳贡慧, 等. 套管、水泥环及井壁围岩组合体的弹塑性分析 [J]. 石油学报, 2005, 26（6）: 99-103.

[63] LIAN Z, YU H, LIN T, et al. A study on casing deformation failure during multi-stage hydraulic fracturing for the stimulated reservoir volume of horizontal shale wells[J]. Journal of Natural Gas Science and Engineering, 2015, 23: 538-546.

[64] 于浩, 练章华, 徐晓玲, 等. 页岩气直井体积压裂过程套管失效的数值模拟 [J]. 石油机械, 2015, 43（3）: 73-77.

[65] 王越之, 刘天生. 隔6井套管损坏原因分析 [J]. 钻采工艺, 2001, 24（2）: 77-79.

[66] 王永亮, 柳占立, 庄苗. 热膨胀模拟页岩分段水力压裂的套管损坏有限元分析 [C]. 北京力学会学术年会, 2015.

[67] SHOJAEI A, TALEGHANI A D, LI G. A continuum damage failure model for hydraulic fracturing of porous rocks[J]. International journal of plasticity, 2014, 59: 199-212.

[68] LIU K, GAO D, WANG Y, et al. Effect of local loads on shale gas well integrity during hydraulic fracturing process[J]. Journal of Natural Gas Science and Engineering, 2017, 37: 291-302.

[69] MOKHTARI M, TUTUNCU A N. Impact of laminations and natural fractures on rock failure in Brazilian experiments: A case study on Green River and Niobrara formations[J]. Journal of Natural Gas Science and Engineering, 2016, 36: 79-86.

[70] MAURY V M R, ZURDO C. Drilling-induced lateral shifts along pre-existing fractures: a common cause of drilling problems[J]. SPE 27492, 1996.

[71] YOUNESSI A, RASOULI V. A fracture sliding potential index for wellbore stability analysis[J].

International Journal of Rock Mechanics & Mining Sciences, 2010, 47（6）: 927-939.

[72] ZOBACK M D, KOHLI A. The importance of slow slip on faults during hydraulic fracturing stimulation of shale gas reservoirs[J]. SPE 155476, 2012.

[73] 鄢雪梅, 王永辉, 严星明, 等. 页岩气藏体积改造中的慢滑移现象 [J]. 大庆石油地质与开发, 2016, 35（6）: 170-174.

[74] DANESHY A A. Impact of off-balance fracturing on borehole stability & casing failure[C]. SPE Western Regional Meeting, CA, USA. SPE 93620, 2005.

[75] DUSSEAULT M B, BRUNO M S, BARRERA J. Casing shear: causes, cases and cures[J]. SPE Drilling & Completion, 2001, 6: 98-107.

[76] YIN F, DENG Y, HE Y M, et al. Mechanical behavior of casing crossing slip formation in waterflooding oilfields[J]. Journal of Petroleum Science and Engineering, In press, 2018.

[77] YIN F, XIAO Y, HAN L H, et al. Quantifying the induced fracture slip and casing deformation in hydraulically fracturing shale gas wells[J]. Journal of Natural Gas Science and Engineering, 2018, 60: 103-111.

[78] XI, LI, LIU, et al. Numerical investigation for different casing deformation reasons in Weiyuan-Changning shale gas field during multistage hydraulic fracturing[J]. J. Petrol. Sci. Eng. 2018, 163: 691-702.

[79] GUO, LI, LIU, et al. Numerical simulation of casing deformation during volume fracturing of horizontal shale gas wells[J]. J. Petrol. Sci. Eng. 2019, 172: 731-742.

[80] 刘港, 赵海军, 马凤山, 等. 断层影响的水平井套管损坏分析与模拟研究 [J]. 工程地质学报, 2016, 24（S）: 1019-1026.

[81] 陈朝伟, 石林, 项德贵, 等. 长宁—威远页岩气示范区套管变形机理及对策 [J]. 天然气工业, 2016, 36（11）: 70-75.

[82] 李留伟, 王高成, 练章华, 等. 页岩气水平井生产套管变形机理及工程应对方案—以昭通国家级页岩气示范区黄金坝区块为例 [J]. 天然气工业, 2017, 37（11）: 91-99.

[83] 艾池, 刘亚珍, 李玉伟, 等. 嫩二段标志层套管损坏区进水域影响因素分析 [J]. 特种油气藏, 2015, 22（6）: 129-132.

[84] 林元华, 雷正义, 施太和, 等. 储层压实引起套管失效的机理研究 [J]. 石油钻采工艺, 2004, 26（3）: 13-16.

[85] 高利军, 柳占立, 乔磊, 等. 页岩气水力压裂中套损机理及其数值模拟研究 [J]. 石油机械, 2017, 45（1）: 75-80.

[86] MAXWELL S C, WALTMAN C, WARPINSKI N R, et al. Imaging Seismic Deformation Induced by Hydraulic Fracture Complexity[J]. SPE Reservoir Evaluation & Engineering, 2009, 12（1）: 48-52.

[87] OZAN C, BRUDY M, Van der ZEE W. Fault Reactivation due to Fluid Production and Injection in Compacting Reservoirs[C]. The 45th US Rock Mechanics / Geomechanics Symposium, San Francisco, CA, 26-29 June 2011.

[88] ZHAO J, PENG Y, LI Y, et al. Analytical model for simulating and analyzing the influence of interfacial slip on fracture height propagation in shale gas layers[J]. Environmental Earth Sciences, 2015, 73（10）: 5867-5875.

[89] MCGARR A. Maximum magnitude earthquakes induced by fluid injection[J].Geophys. Res. Solid Earth, 2014, 119: 1008-1019.

[90] CHIPPERFIELD S T, WONG J R, WARNER D S, et al. Shear Dilation Diagnostics: A New Approach for Evaluating Tight Gas Stimulation Treatments[C]. SPE Hydraulic Fracturing Technology Conference,

29-31 January, College Station, Texas, U.S.A, 2007.

[91] DANESHY A A. Impact of off-balance fracturing on borehole stability & casing failure[C]. SPE Western Regional Meeting, Irvine, U.S.A., 30 Mary-1 April 2005.

[92] BAO X, EATON D. Fault activation by hydraulic fracturing in western Canada[J]. Science, 2016, 354 (6318): 1406-1409.

[93] HOU Z, YANG C, WANG L, et al. Hydraulic fracture propagation of shale horizontal well by large-scale true triaxial physical simulation test[J]. Rock and Soil Mechanics, 2016, 37 (2): 407-414.

[94] NEMOTO, MORIYA, NIITSUMA, et al. Mechanical and hydraulic coupling of injection-induced slip along pre-existing fractures[J]. Geothermics, 2008, 37 (2): 157-172.

[95] Ye Z, JANIS M, GHASSEMI A, et al. Experimental Investigation of Injection-driven Shear Slip and Permeability Evolution in Granite for EGS Stimulation[C]. In Proc., 42nd Workshop on Geothermal Reservoir Engineering, Stanford University, Stanford, California, February 13-15, 2017.

[96] LI Z, JIA C, YANG C, et al. Propagation of hydraulic fissures and bedding planes in hydraulic fracturing of shale[J]. Chinese Journal of Rock Mechanics and Engineering, 2015, 34 (1): 12-19.

[97] MA, ZHOU, ZOU. Experimental and numerical study of hydraulic fracture geometry in shale formations with complex geologic conditions[J]. Journal of Structural Geology, 2017, 98: 53-66.

[98] da SILVA F V, DEBANDE G F, PEREIRA C A, et al. Casing collapse analysis associated with reservoir compaction and overburden subsidence[J]. Society of Petroleum Engineers, 1990, V11 (2): 127-133.

[99] CERNOCKY E P, SCHOLIBO F C. Approach to casing design for service in compacting reservoirs[J]. Society of Petroleum Engineers, 1995, V21 (2): 731-742.

[100] 李永东. 油水井套管损坏的断裂力学机理的研究 [D]. 哈尔滨: 哈尔滨工程大学, 2001.

[101] 林凯, 杨龙. 我国油田套损防治现状及发展方向 [J]. 石油机械, 2006, 32 (特刊): 6-9.

[102] RAVI K, et al. Improve the Economics of Oil and Gas Wells by Reducing the Risk of Cement Failure[J]. SPE 74497, 2002.

[103] GRAY K E, Finite Elements Studies of New-Wellbore Region During Cement Operation: Part 1[J]. SPE 106998, 2007.

[104] 房军, 赵怀文, 岳伯谦, 等. 非均匀地应力作用下套管与水泥环的受力分析 [J]. 石油大学学报 (自然科学版), 1995, 19 (6): 52-57.

[105] 房军, 岳伯谦, 赵怀文, 等. 非均匀地应力作用下套管和水泥环表面受力特性分析 [J]. 石油大学学报, 1997, 21 (1): 46-48.

[106] ZINKHAM R E. GOODWIN R J. Burst Resistance of Pipe Cemented Into the Earth[J]. SPE291, 1962.

[107] CARTER L G, EVANS G W. A Study of Cement-Pipe Bonding[J]. SPE 764, 1964.

[108] BEIRUTE M, CHEUNG R. A scale-down laboratory test procedure for tailoring to specific well conditions: the selection of cement recipes to control formation fluids migration after cementing[J]. SPE19522, 1990.

[109] ROGERS J, DILLENBECK L, EID N. Transition time of cement slurries, definitions and misconceptions, related to annular fluid migration[J]. SPE 90829, 2004.

[110] ZHU H J, QU J S, LIU A P, et al. A New Method to Evaluate the Gas Migration for Cement Slurries. Society of Petroleum Engineers[J]. SPE 131052, 2010.

[111] 孙富全, 侯薇, 靳建洲. CO_2 对固井水泥的腐蚀 [J]. 石油化工应用, 2007, 6 (1): 35-39.

[112] MATA F, DIAZ C, VILLA H. Ultralight weight and Gas Migration Slurries: An excellent solution for gas wells[J]. SPE 102220, 2006.

[113] 练章华, 张先普, 赵国珍, 等. 岩石、水泥环及套管互作用的粘弹塑性有限元力学模型 [J]. 西南石

油学院学报，1994，16（2）：97-103.

[114] GOODWIN K J，CROOK R J. Cement Sheath Stress Failure[J].SPEDE，1998，291-296.

[115] 李军，陈勉，张辉，等．不同地应力条件下水泥环形状对套管应力的影响[J].天然气工业，2004，24（8）：50-52.

[116] 孙清德．国外高温高压固井新技术[J].钻井液与完井液，2001（5）：8-12.

[117] ROBERT L D. Characterizing Casing-Cement-Formation Interactions Under Stress Conditions：Impact on Long-Term Zonal Isolation[J]. SPE 90450，2004.

[118] 王耀峰，李军强，杨小辉．套管—水泥环—地层系统应力分布规律研究[J].石油钻探技术，2008，36（5）：7-11.

[119] 柳林平．油井固井水泥环的机械破坏[J].江汉石油学院学报，1993，15（2）：55-59.

[120] 马旭，龚伟安，谢建华，等．套管水泥环的室内破坏试验及力学分析[J].石油机械，2000，28（4）：15-18.

[121] 姚晓，周兵，李美平，等．套管试压对水泥环密封性的影响[J].西安石油大学学报（自然科学版），2009，24（3）：4.

[122] 周兵，姚晓，华苏东．套管试压对水泥环完整性的影响[J].钻井液与完井液，2009，26（1）：32-34.

[123] 邓金根，黄荣樽．流变地层中套管外载的计算方法[J].石油钻探技术，1994，22（4）：41-43.

[124] 邓金根，王康平，黄荣樽，等．油井套管、水泥环组合体抗非均匀围岩外载的强度特性[J].岩石力学与工程学报，1994，13（2）：160-171.

[125] ARASH S，JEROME S，TEXAS A&M UNIVERSITY，et al. HPHT Cement Sheath Integrity Evaluation Method for Unconventional Wells[J]. SPE 168321，2023.

[126] 邓金根．水泥环性质对套管外载影响的模拟试验[J].石油大学学报，1997，21（6）：24-28.

[127] 李茂华，徐守余，牛卫东．水泥环厚度和弹性模量对套管抗挤强度的影响[J].石油地质与工程，2007，21（3）：84-88.

[128] 李军，陈勉，张辉，等．水泥环弹性模量对套管外挤载荷的影响分析[J].石油大学学报（自然科学版），2005，29（6）：41-44.

[129] 徐守余，李茂华，牛卫东．水泥环性质对套管抗挤强度影响的有限元分析[J].石油钻探技术，2007，35（3）：5-8.

[130] 郭文才，刘绘新．水泥石性能对套管外挤载荷的影响[J].天然气工业，2001，21（4）：53-54.

[131] 宋明，杨凤香，宋胜利，等．固井水泥环对套管承载能力的影响规律[J].石油钻采工艺，2002，24（4）：7-9.

[132] 窦益华．黏弹性围岩中套管与井眼不同心时套管围压分析[J].石油钻采工艺，1989，11（4）：2-12.

[133] 唐波．油层段套管损坏机理研究[D].成都：西南石油学院，2003.

[134] 石晓兵，甘一风，钟水清，等．高含硫地质环境钻井硫化氢气位规律研究[J].石油学报，2008，29（4）：601-604.

[135] 毛克伟，史茂成．油气井套管腐蚀原因与防护措施[J].石油钻探技术，1996，24（1）：32-36.

[136] 孙永兴，林元华，舒玉春，等．ISO 10400 油套管强度新模型[J].石油钻探技术，2008，36（1）：42-44.

[137] 孙永兴，施太和，林元华，等．含微裂纹油井套管的抗内压断裂强度预测[J].石油钻探技术，2009，37（6）：35-38.

[138] 孙永兴．油套管抗内压抗挤强度研究[D].成都：西南石油大学，2008.

[139] 汪中浩，吴锡令．预测套管腐蚀的方法研究[C].1997 年中国地球物理学会第十三届学术年会论文集．

[140] 谢文江，魏斌，陈利娟，等．含 H_2S/CO_2 气田油套管腐蚀与防护技术[J].油气储运，2010，29（2）：93-96.

[141] 刘小伟，郭晓春，田汝峰．高含二氧化碳气井套压高解决方案研究［J］．内蒙古石油化工，2011（9）：37-39.

[142] 车争安，张智，施太和，等．高温高压高含硫气井环空流体热膨胀带压机理［J］．天然气工业，2010，30（2）：88-90.

[143] 涂君君．高压高产气井环空带压机理研究［D］．成都：西南石油大学，2009.

[144] 车争安．气井持续环空压力机理及安全评价研究［D］．成都：西南石油大学，2010.

[145] 彭建．克拉2气田高压气井风险评估研究［D］．中国石油学会天然气专业委员会会议论文，2008.

[146] 齐奉忠，刘硕琼，袁进平．国内复杂深井固井现状及技术需求分析［C］．国内固井技术进展与实践——2008年全国固井技术研讨会论文集，2008：1-6.

[147] 马勇．固井环空气体窜流原因分析及防控技术［D］．成都：西南石油大学，2009.

[148] 何银达，秦德友，凌涛，等．塔里木油田高压气井油管气密封问题探析［J］．钻采工艺，2010，33（3）：36-38.

[149] 杨淑珍，彭建云，向文刚，等．克拉2气田完井工程方案及应用［J］．天然气工业，2008，28（10）：49-51.

[150] 林元华，付建红，施太和，等．套管磨损机理及其防磨措施研究［J］．天然气工业，2004，24（7）：58-61.

[151] 齐奉忠．气井环空带压的原因分析及解决措施浅析［C］．2008年固井技术研讨会论文集，2008：1-6.

[152] 黎丽丽，彭建云，张宝，等．高压气井环空压力许可值确定方法及其应用［J］．天然气工业，2013，33（1）：1-4.

[153] 赵鹏．塔里木高压气井异常环空压力及安全生产方法研究［D］．西安：西安石油大学，2012.

[154] 高德利，刘奎，王宴滨，等．页岩气井井筒完整性失效力学机理与设计控制技术若干研究进展［J］．石油学报，2022，43（12）：1798-1812.

[155] 高宝奎．高温高压引起的套管附加载荷实用计算模型［J］．石油钻采工艺，2002，24（1）：8-10.

[156] 邓元洲，陈平，张慧丽．迭代法计算油气井密闭环空压力［J］．海洋石油，2006，26（2）：93-96.

[157] 石晓兵，陈平，熊继有，等．高温高压气井生产套管温度分布规律研究［J］．中外能源，2017，12（6）：55-58.

[158] 石榆帆，张智，肖太平，等．气井环空带压安全状况评价方法研究［J］．重庆科技学院学报（自然科学版），2012，14（1）：97-99.

[159] 王治国，盛杰．气井环空带压原因及目前解决措施［J］．中国化工贸易，2011，7（7）：9-10.

[160] 石榆帆，张智，肖太平，等．气井环空带压安全状况评价方法研究［J］．重庆科技学院学报（自然科学版），2012，14（1）：97-99.

[161] 肖太平，张智，石榆帆，等．基于井下作业载荷的A环空带压值计算研究［J］．钻采工艺，2012，35（3）：65-66.

[162] 曹小武．橡胶混凝土力学特性［M］．南京：东南大学出版社，2021.

[163] 杨晨，唐晓东，李晶晶，等．双酚A型环氧树脂合成技术进展［J］．中国塑料，2023，37（2）：106-112.

[164] 杨金龙，席小庆，黄勇．陶瓷微珠［M］．北京：清华大学出版社，2017.

[165] 史彪彬．页岩气井套管完整性评价与控制技术［D］．成都：成都理工大学，2023.

[166] 廖智海．钻柱碰撞作用下井筒完整性分析［D］．成都：成都理工大学，2022.